엄마도 모르는 맛의 비밀
양념공식 요리법

엄마도 모르는 맛의 비밀
양념공식 요리법

1판 2쇄 발행 2021년 2월 1일

지은이 신미혜
펴낸이 김선숙, 이돈희
펴낸곳 그리고책(주식회사 이밥차)

주소 서울시 서대문구 연희로 192(연희동 76-22, 이밥차 빌딩)
대표전화 02-717-5486~7
팩스 02-717-5427
홈페이지 www.andbooks.co.kr
출판등록 2003.4.4. 제10-2621호

본부장 이정순
편집 책임 박은식
편집 진행 정애영, 홍상현
요리 진행 이정희, 하경현
영업 이교준
마케팅 백수진, 임정섭
경영지원 원희주
사진 김종현
디자인 공간42 이용석

ISBN 979-11-967720-9-3 13590

엄마도 모르는 맛의 비밀

양념공식 요리법

신미혜 지음

그리고책
andbooks

엄마도 모르는 맛의 비밀, 양념공식 요리법

내가 만든 요리를 누군가가 맛있게 먹는 것처럼 기쁜 일이 없다고 항상 생각해왔다. 이것은 베푸는 자의 행복함이라고도 할 수 있다. 내게 있어 요리는 '행복함' 그 자체다. 맛있는 것을 누군가 먹고 기뻐한다면 그보다 좋은 것이 또 있을까?

젊은 시절, 요리책에 표기된 분량을 그대로 따라 했다가 낭패를 본 경험이 수없이 많았다. 그럴 때마다 나만의 특화된 쉬운 방법은 없을까를 되뇌곤 했다. 좋은 식재료와 양념을 사용했음에도 불구하고 최상의 맛을 내기란 그리 쉽지 않은 일이기 때문이다.

양념공식 요리법은 처음에는 내 스스로 양념공식을 알아내기 위해 만든 것이었다. 이후 호텔에 있을 때는 직원들을 교육하기 위해, 이제는 대학 강단에서 학생들에게 어머니의 30년 노하우를 단 몇 번의 교육을 통해 그간 축적된 '나만의 맛의 비밀'을 전수하기 위해 사용하고 있다. 그렇게 나는 오늘도 '양념공식 요리법'을 외친다.

그 덕분일까. 어느새 학생들은 어머니의 요리를 배우던 아들, 딸이 아니라 부모님께 요리를 가르치는 어엿하게 성장한 모습으로 변해 있었다. 학기가 끝나면 간혹 부모님들로부터 감사의 전화를 받는다. 잘 가르쳐 주어 감사했노라고! 아무것도 모르는 아이가 생일상을 차려 주고, 주말이면 학교에서 배운 요리법으로 특식을 해주어 가족 간의 대화의 길이 열렸노라고 말이다. 이밖에도 수많은 특강을 통하여 양념공식을 널리 알릴 기회가 있었는데 그때마다 접하는 분들로부터 '맛의 황금비율, 바로 이 맛이야!'라는 찬사와 환호하는 모습을 선물 받았다. 그럴 때면 '오늘 하루도 대 성공'이라는 생각이 절로 들었다.

분명 대량요리에서는 내가 생각해도 근사한 맛이었는데, 소량요리에서는 도저히 그런 멋진 맛을 낼 수가 없었던 적이 있다. 그래서 요리의 양에 관계없이 같은 맛을 낼 수 있는 원칙, 즉 표준화된 '맛의 황금비율'을 만들어보고자 다짐한 것이 벌써 30년, 지금의 '양념공식 요리법'이 나오게 된 계기가 되었다.

음식으로 완성된 조리의 맛은 재료에 따른 양념의 적합 여부, 식재료와 양념과의 상호 관계, 양념 종류의 품질 상태, 양념의 많고 적음, 불의 세기, 올바른 조리기구의 선택 등 여러 요인에 의해 좌우된다. 또한 양념의 맛은 개인의 기호에 따라 차이가 있다. 그러나 조리법에 따라 나름의 양념 황금비율이 있기 때문에 일반적인 맛의 표준을 기준으로 하면 좋다.

맛을 혀끝으로 기억하고 그와 같은 맛을 내기 위해 노력하는 것은 대단히 중요하다. 바야흐로 100세 시대! 건강하고 행복한 삶을 사는 것은 누구나의 염원이다. 남여를 구분하지 말고 앞치마를 두르고 주방을 접수해 보자. 나의 삶이 풍요로워지고, 내 주변이 행복해지는 동시에 절로 건강해지는 모습을 볼 수 있을 것이다.

신미혜

CONTENTS

들어가며 4

**1장
요리의 기본**

습관처럼 계량을 하자 14
재료의 손질과 보관 요령 20
요리의 맛과 멋을 함께 얻는 자르기 24
음식과 짝이 되는 양념 28
요리 솜씨를 좌우하는 기본 조리법 33
천연양념으로 내는 개운한 맛 37
국물 맛내기는 요리의 기본 40

**2장
양념공식
요리비결**

갖은 양념을 하나로 모은 별미 양념장
　양념공식 **01** 맛간장 47
　양념공식 **02** 볶음고추장 48
　양념공식 **03** 고추기름 49
　양념공식 **04** 맛식초 50
　양념공식 **05** 맛된장 51

요리만으로는 아쉬울 때, 곁들이 양념장
　양념공식 **06** 초간장 53
　양념공식 **07** 양념간장 54
　양념공식 **08** 겨자간장 55
　양념공식 **09** 초고추장 56

요리 시간이 빨라지는 조리용 양념장
　양념공식 **10** 구이용 간장양념장 58
　양념공식 **11** 볶음 · 조림 · 찜용 간장양념장 59
　양념공식 **12** 뼈 있는 육류용 간장양념장 60
　양념공식 **13** 살코기 육류용 간장양념장 63
　양념공식 **14** 흰살 생선 조림장 64
　양념공식 **15** 붉은살 생선 조림장 65

양념공식 **16** 무침용 생채 간장양념장 66

양념공식 **17** 구이 · 볶음용 고추장양념장 67

양념공식 **18** 생채용 양념장 69

양념공식 **19** 젓국을 이용한 양념장 70

양념공식 **20** 쉽게 익는 재료의 양념장 71

양념공식 **21** 밀기루즙 72

양념공식 **22** 묵 쑤기 73

양념공식으로 만드는 샐러드 소스

양념공식 **23** 간장소스 75

양념공식 **24** 겨자소스 76

양념공식 **25** 된장소스 77

양념공식 **26** 양파소스 78

양념공식 **27** 마늘겨자소스 79

양념공식 **28** 고추기름 냉채소스 80

양념공식 **29** 참깨소스 81

양념공식 **30** 땅콩소스 82

양념공식 **31** 호두즙소스 83

양념공식 **32** 잣즙소스 84

김치를 위한 양념공식

양념공식 **33** 김칫소 86

양념공식 **34** 간장맛장아찌 87

양념공식 **35** 오이지 88

CONTENTS

3장
**양념공식으로
완성하는
스피드 요리**

양념장으로 손쉽게 만드는 밑반찬과 나물

우엉조림 93

콩조림 94

장조림 95

오징어채볶음 96

멸치볶음 97

호두볶음 98

깻잎장아찌 99

무숙장아찌 100

오이숙장아찌 101

가지볶음 102

감자채볶음 103

셀러리볶음 104

부추볶음 105

콩나물잡채 106

생표고버섯나물 107

취나물 108

애호박나물 109

버섯잡채 110

청포묵무침 111

양념장 하나면 구이, 볶음, 조림, 찜 요리 끝!

제육볶음 113

양송이버섯볶음 114

오징어볶음 115

생선완자조림 116

삼치조림 117

떡볶이 118

더덕구이 119

닭찜 120

국물불고기 121

천연양념으로 맛을 내는 국물요리

　두부고추장찌개　123

　콩비지찌개　124

　육개장　125

　어묵탕　126

　소고기전골　127

**4장
성공적으로
치르는
손님 초대 요리**

오색의 조화로 눈이 즐거운 전채 요리

　옥수수죽　131

　콩죽　132

　수삼채　133

　오이선　134

　색편육　135

　무말이강회　136

　밀쌈　137

새콤달콤 입맛 돋우는 찬요리

　두부채소샐러드　139

　미역냉채　140

　더덕생채　141

　홍어회　142

　우렁이초회　143

　소라초무침　144

　닭냉채　145

　해물잣즙채　146

정으로 나누어 먹는 주요리

　갈비구이　148

　등갈비찜　149

　김치전　150

CONTENTS

꽃게찜 151

미더덕찜 152

죽순찜 153

대하산적 154

전복볶음 155

월남쌈 156

메밀소바 157

마파두부 158

비빔막국수 159

칠리새우 160

버섯덮밥 161

산뜻한 여운을 남기는 음료와 주전부리

매작과 163

오미자화채 164

포도화채 165

수제 오란다 166

아몬드크런치 167

밤초 168

율란 169

5장
세계인의 맛,
김치

김치 재료의 선택과 절이기 기본 172

김치 만들기의 정석 177

양념공식으로 담그는 김치와 저장음식

통배추김치 180

백김치 181

깍두기 182

총각무김치 183

오이소박이 184

나박김치 185

파김치 186

가자미식해 187

마늘장아찌 188
오이지 189

6장
가족의 영양을
책임지는
건강 요리

온 가족이 즐기는 명절 요리
녹두부침 193
완자전 194
참치깻잎전 195
해물잡채 196
약식 197
식혜 198
수정과 199

건강을 위한 전통 요리
호박죽 201
잣죽 202
녹두죽 203
전복죽 204
마른 청포묵볶음 205
오징어순대 206
냉콩국수 207
편수 208
낙지구이 209
장떡 210
사슬적 211
장산적 212
홍합초 213

찾아보기 214

1장

요리의
기본

참기름 조금, 설탕 조금. 오랜 세월 요리를 해온 우리네 엄마들은 양념을 손에
잡히는 대로 대강 하는 것 같지만 요리의 맛은 일품이다. 손에 자동 계량기가
달린 것일까? 아마도 오랜 연륜에서 나온 자연스러운 계량일 것이다. 하지만
엄마의 30년 요리 노하우를 배우기 위해 그만큼 긴 시간이 필요한 것은 아니
다. 요리의 계량 방법과 공식을 통해 엄마의 요리 솜씨를 따라잡을 수 있다. 엄
마도 가르쳐주지 않는 요리의 노하우를 알아보고 습관처럼 몸에 익혀보자.

1

습관처럼
계량을 하자

요리를 할 때 재료나 양념의 분량을 재지 않고 대충 감으로 넣다 보면,

재료가 너무 많거나 양념이 모자라서 제대로 된 맛이 나오지 않는 경우가 많다.

그렇다고 요리책에 있는 재료의 분량을 일일이 저울에 달아서 요리하기에는 무척 번거롭다.

요리를 쉽고 빠르게 하기 위해서는 평소 일상에서 접하는 식재료의 기본 분량을 기억하고

계량법을 익혀두는 것이 좋다.

올바른 계량 기구 사용법

맛있는 요리를 만들기 위해 가장 중요한 것은 바로 정확한 계량이다. 요리책에 적혀 있는 분량은 계량컵과 계량스푼을 이용해 재는 분량을 말한다. 따로 계량 기구가 없을 때는 계량컵 1컵은 종이컵으로 1컵, 계량스푼 1큰술은 밥숟가락으로 수북하게 1술이라고 기억해 두자. 단체 급식 같은 대량 요리를 할 때도 국자나 손잡이 달린 바가지 등 일상에서 쉽게 접하는 용기를 기준으로 재료의 비율을 맞춘다.

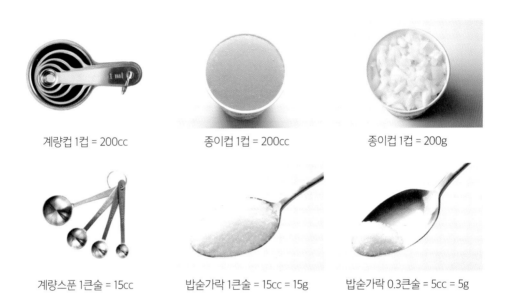

계량컵 1컵 = 200cc   종이컵 1컵 = 200cc   종이컵 1컵 = 200g

계량스푼 1큰술 = 15cc   밥숟가락 1큰술 = 15cc = 15g   밥숟가락 0.3큰술 = 5cc = 5g

식재료를 계량하는 올바른 방법도 알아두면 좋다. 대표적인 계량 기구는 저울, 컵, 스푼 등이다. 저울을 사용할 때는 저울을 수평이 되도록 하고, 바늘을 0에 위치시킨 후 정면에서 눈금을 읽는다. 저울을 옮기고자 할 때는 몸체를 들어 이동한다. 또 사용하지 않을 때는 저울 위에 아무것도 올려놓지 않도록 하며, 사용 후에는 항상 깨끗이 닦아 놓는다.

계량컵과 계량스푼은 물이나 기름이 묻지 않은 상태에서 계량한다. 재료를 계량할 때, 가루 종류는 흔들거나 꼭꼭 눌러 담지 않도록 한다. 또 밀가루나 설탕 따위의 재료가 덩어리졌을 때는 곱게 부숴 체에 거른 후 계량 기구에 담고 윗면을 깎아서 잰다. 쌀, 콩 등의 곡류는 컵에 가득 담아 살짝 흔든 후 위를 깎아서 잰다. 된장, 고추장, 다진 고기 등은 빈 공간이 없도록 채워서 깎아 잰다.

눈대중, 손대중, 말 대중으로 계량하기

눈대중으로 재료의 무게를 가늠할 때는 달걀 1개를 기준으로 삼는다. 달걀 1개 크기의 토란이나 감자 1개의 무게는 50g이다. 재료를 손바닥에 올려놓아 크기를 짐작하는 손대중은 한 손만 쓸 경우와 양손 다 쓸 경우가 있다. 먼저 한 손에 달걀 2개를 올려놓았을 때의 무게가 100g이므로, 같은 분량의 얇게 썬 고기나 생선 한 토막, 가늘게 채 썬 채소의 무게도 100g이다. 그러나 같은 부피의 뿌리 채소류 무게는 200g이다. 양손을 써서 손대중을 할 경우 콩나물과 멸치를 양손 수북하게 담았을 때의 무게가 100g이므로 이를 기준으로 삼는다.

말 대중으로 "참기름을 1~2방울 넣는다."고 했을 때는 1/8~1/4작은술의 참기름 양을 말한다. 그리고 "소금 약간"은 엄지와 집게손가락이 집은 양으로 1/8작은술의 양이다. "후추 약간"은 1~2회 흩어 뿌리는 정도다. 또 "마늘 1톨을 다져 넣는다."고 했을 때는 다진 마늘 1작은술의 양을 넣는 것이며, 마늘 3톨의 경우 다진 마늘 1큰술의 양과 같다.

〈양념 및 고명 재료의 어림치와 무게〉

구분	재료	단위	무게
양념과 고명	고추장	1큰술	17g
	된장	1컵	280g
	간장	1컵	230g
	꽃소금(재제염)	1큰술	9g
	설탕	1큰술	14g
	물엿	1큰술	23g
	꿀	1컵(1큰술)	300g(23g)
	식초	1큰술	15cc
	청주	1큰술	15cc
	식용유	1컵	155g
	참기름	1큰술	14g
	다진 파	1큰술	14g
	다진 마늘	1큰술	12g
	깐 생강	1컵	115g

	굵은 고춧가루	1컵(고운 것)	80g(100g)
	겨자가루	1컵	80g
	깨소금	1큰술	8g
	검은깨	1컵	110g
	들깨	1컵	95g
양념과 고명	깐 호두살	1개	5g
	깐 은행	10알	16g
	잣(실백)	1큰술	10g
	막대추	1개	2g
	깐 생밤	10개	100g
	멸치액젓	1컵	240g
	새우젓	1컵	240g

〈식재료의 어림치와 무게〉

구분	재료	단위	무게
난류	달걀	1개	50g
두류가공품	손두부	1모	400g
	순두부	1컵	200g
	연두부	1모	300g
	청포묵	1모	300g
곡류와 가루	쌀	1컵	160g
	찹쌀	1컵	160g
	콩	1컵	160g
	녹두	1컵	170g
	적두	1컵	150g
	녹말가루	1큰술	7g
	밀가루	1컵	105g

곡류와 가루	쌀가루	1컵	100g
	참깨	1컵	120g
	엿기름가루	1컵	115g
어패류	낙지	1마리	150g
	오징어	1마리	250g
	꽃게	1마리	300g
	중하	1마리	30g
	전복	1마리	100g
	깐 소라살	1개	50g
	대하	1마리	100g
	황태	1마리	50g
	깐 생굴	1컵	200g
	깐 새우살	1컵	200g
	마른 멸치	1컵	50g
	마른 새우살	1컵	70g
육류와 가금류	소갈비	1토막	80g
	돼지족발	1개	300g
	다진 고기	1컵	200g
	닭고기	1마리	1kg
채소류	수삼	1근	300g
	팽이버섯	1봉	50g
	대파	1대	40g
	(백다다기)오이	1개	100g
	취청오이	1개	200g
	당근	1개	100g
	고추	1개	10g
	양파	1개	150g
	피망	1개	100g

채소류	쑥갓	1단	230g
	시금치	1단	300g
	미나리	1단	180g
	애호박	1개	200g
	배추	1포기	3kg
	콩나물	1봉	300g
	무	1개	1kg
	더덕	5뿌리	60g
	통마늘	1통	30g
과일류	사과	1개	300g
	배	1개	500g
	참외	1개	250g
	귤	1개	100g
	딸기	1개	15g
기타	향신(마른 표고버섯)	5장	30g
	마른 고추	5개	10g

(※ 사용한 재료는 각 재료의 중간 정도의 크기를 기준으로 한다.)

2

재료의 손질과
보관 요령

매일 장을 보기 어려운 맞벌이 주부가 일주일치 식품을 구입하거나

갑작스럽게 손님을 초대하게 되어 식품을 구입해야 하는 경우,

한꺼번에 많은 양의 식품을 구입하게 된다. 이때 싸다고 해서 지나치게 많이 구입하면

식재료가 상해서 버리게 되는 일이 많다.

식재료를 버리는 일이 없도록 재료의 손질과 보관 요령을 알아두면 좋다.

채소, 고기, 생선은 잘 다듬어 하나씩 사용할 분량으로 나누어 저장하자.

간장, 기름, 설탕 등의 양념류와 국수, 밀가루, 당면 등 가공식품은

오래 저장할 수 있으므로 여유 있게 구비해두자.

채소는 씻지 않고 보관 한다

채소를 바로 사용하지 않을 때는 깨끗이 다듬어 씻지 않고 보관한다. 특히 부추, 상추, 양배추, 쑥갓 등 잎채소는 신문지에 싸서 보관하거나 지퍼백에 넣어 물에 직접 닿지 않도록 한다. 잎채소는 손으로 뜯어 다듬는 것이 좋다. 칼을 사용하면 자른 단면부터 산화해 변색되기 때문이다.

파, 양파, 마늘	파는 뿌리를 잘라 물에 담근다. 마늘과 양파는 껍질째 30분 정도 물에 담가두면 껍질이 잘 벗겨지고 매운맛도 제거된다. 파, 마늘, 양파 등을 냉장실에 보관하면 황화 아릴류의 휘발성 냄새가 다른 음식물에도 배기 때문에 반드시 뚜껑 있는 용기에 넣거나 지퍼백에 넣어 밀봉하여 보관한다. 마늘은 찧어서 적은 분량으로 나눠 지퍼백이나 뚜껑 있는 용기에 넣어 냉동 보관하고, 파는 씻지 말고 2~3등분하여 비닐봉지에 싸서 냉장 보관하여 필요할 때마다 꺼내어 씻어 쓴다. 만약 씻어서 보관할 경우에는 물기를 제거하고 지퍼백에 넣어 냉장 보관한다. 대파도 송송 썰어 용기에 넣고 냉동 보관하여 필요할 때 요긴하게 사용할 수 있다.
계절 채소와 토마토	마늘종, 냉이, 쑥 등 계절 채소는 살짝 삶아 물기를 꽉 짜서 지퍼백에 넣어 냉동 보관한다. 잘 익은 토마토는 제철에 값싸게 구입하여 그대로 냉동시킨다. 냉동한 토마토는 뜨거운 물에 살짝 넣었다가 건져내면 껍질이 쉽게 벗겨진다.
팥, 콩	팥과 콩(완두콩, 강낭콩, 흰콩, 검은콩)은 삶거나 조려서 충분히 식힌 후 한 번에 먹을 분량으로 나눠 지퍼백에 넣어 냉동한다. 팥은 삶아서 냉동 보관했다가 밥을 지을 때 활용한다.
천둥호박	천둥호박은 껍질을 벗겨 씨를 파내고 적당한 크기로 썰어 삶은 뒤 뜨거울 때 굵은 체에 거른 후 완전히 식힌다. 혹은 믹서에 갈아 식혀도 된다. 이것을 필요한 만큼 지퍼백에 넣고 냉동 보관한다.

고기는 한 번 사용할 만큼씩 냉동 보관한다

고기는 기름기를 제거하고 부위별 혹은 용도별로 손질한다. 손질한 고기는 한 번 사용할 만큼씩 지퍼백에 넣어 냉동 보관한다. 얇게 썬 고기는 한꺼번에 포개어 냉동하면 변색되고 해동이 어려울 뿐만 아니라 떼어 사용하기 좋지 않다. 따라서 필요한 만큼 나누어 랩으로 감싸거나, 비닐봉지를 사이사이에 넣어 켜켜이 포개어 냉동하는 것이 좋다. 또한 표면에 식용유를 발라 보관하면 변색을 막을 수 있다.

생선은 달라붙지 않게 보관한다

생선은 비늘, 내장, 지느러미를 제거하여 먹기 좋은 크기로 썰거나 포를 떠서 냉동 보관한다. 포를 떠서 플라스틱 용기에 넣어 보관할 때는 켜켜이 비닐이나 랩을 깐다. 이렇게 하면 필요한 만큼 떼어 사용할 수 있고 생선이 서로 달라붙지 않는다. 냉동된 생선은 사용하기 하루 전날 냉장실로 옮겨 해동한다.
사용하고 남은 맥주나 소주가 있다면 마늘 즙이나 마늘 편을 썰어 넣어 마늘술을 만들어 요리할 때 이용한다. 생선을 너무 짜게 절였다면 마늘술을 뿌려보자. 짠맛이 희석되고 생선살이 단단해져 쫄깃해진다.

냉동 보관으로 식재료를 신선하게

최근 1인 가구가 늘어나면서 즉석식품을 구입하는 가정이 많아졌다. 하지만 즉석식품에 지나치게 의존하면 영양의 균형이 깨져 건강한 식생활을 유지하기 힘들다. 조금 번거롭더라도 제철 식재료를 준비하여 건강한 식생활을 유지할 수 있도록 노력하자. 더욱이 냉동 보관 요령을 알면 식재료를 신선하고 오래 보관할 수 있어 경제적이다.

채소 호박, 감자, 버섯 등의 채소가 남았을 경우에는 적당한 크기로 썰어 냉동 보관한다. 냉동 보관한 식재료를 활용하는 방법은 다양한데, 멸치와 물을 넣고 맛된장을 풀어 냉동 보관한 채소를 넣고 끓이면 간단한 찌개 요리를 완성할 수 있다.

과일   과일은 제철에 구입해서 깨끗이 씻고 1회 사용할 만큼 지퍼백에 넣어 냉동 보관한다. 냉동한 딸기나 포도는 물을 넣고 진하게 끓여 체에 걸러 아이들 영양식이나 화채, 과편 등을 만든다. 또한 과즙으로 녹말편을 만들어도 좋다. 바나나는 랩에 싸서 껍질째 냉동 보관하고, 필요할 때 껍질만 벗겨 냉동된 상태로 우유와 함께 믹서에 갈면 좋다.

쌀가루   쌀가루는 죽을 끓이거나 김치를 담글 때 사용하는 풀을 쑬 때 이용하면 좋다. 쌀을 불려 방앗간에서 빻아 만든 쌀가루를 지퍼백에 여러 덩이로 나누어 냉동한다. 필요할 때마다 실온에서 해동하여 사용하면 된다. 냉동한 쌀가루로 떡을 쪄 먹기도 하는데 가루에 냉기가 완전히 가신 후에 쪄야 설익지 않고 맛이 좋다.

**쑥과
김치 양념**   쑥이 많이 나오는 봄에 쑥을 다듬어 삶아 물기를 빼고 쌀과 함께 방앗간에서 빻아 지퍼백에 냉동해 두면 계절에 상관없이 쑥떡을 만들어 먹을 수 있다.
김치 속 양념이 남았을 경우에는 냉동실에 보관했다가 찌개나 해물전골에 넣어 요리하면 색다른 맛을 낼 수 있다.

3

요리의 맛과 멋을
함께 얻는 자르기

식재료의 먹지 않는 부분을 제거하고, 먹기에 알맞은 크기로 썰어
손질하는 이유는 불을 이용해 가열할 때 식재료를 빨리 익히고
양념이 골고루 흡수되도록 하기 위함이다.
다듬고 씻고 불리거나 해동시킨 식재료를 자를 때는 요리의 특성에 따라 알맞은
썰기 방법을 선택해야 요리의 맛과 멋이 살아난다.

손가락으로 크기를 계량하고 재료를 자른다

똑같은 재료라도 요리에 알맞은 크기와 분량이 따로 있기 때문에 식재료를 일일이 계량해야 하지만 이것은 매우 번거롭다. 이럴 때는 손가락으로 길이를 어림하여 재료를 손질하는 것이 좋다. 보통 손을 편 상태에서 엄지손가락에서 가운뎃손가락까지의 길이는 15~20cm 정도이며, 김밥 재료인 오이, 지단, 단무지, 당근의 길이를 가늠한다. 또한 집게손가락의 둘째 마디까지의 길이는 보통 4cm이며, 새끼손가락의 손톱 길이는 1cm 내외로 어림할 수 있다.

이 책에서 썰기 규격은 길이, 폭, 두께 순서로 하며 '길이 4cm, 폭 1cm, 두께 0.3cm'일 경우, "4cm×1cm×0.3cm"로 표기한다. 식재료를 다듬을 때 필요한 썰기 방법 중에서 대표적인 것을 소개하면 다음과 같다.

가는 채 썰기
가는 채는 길이 4~5cm, 폭 0.1cm, 두께 0.1cm의 채 썰기를 말하며 구절판 등의 고급 요리를 할 때 많이 활용한다.

굵은 채 썰기
잡채의 식재료를 손질할 때 주로 사용한다. 당면의 두께와 비슷하게 길이 5cm, 폭 0.3cm, 두께 0.3cm 크기의 채로 고르게 썬다.

골패 썰기
장방형 썰기라고도 하며, 겨자채를 만들 때 오이를 길이 4cm, 폭 0.5~1cm, 두께 0.2cm의 직사각형으로 썰었다면 함께 들어가는 모든 채소도 같은 크기로 썬다. 해물을 사용할 경우에도 삶거나 데쳐서 같은 크기로 썬다.

나박 썰기
나박 썰기는 보통 나박김치를 만들 때 무를 자르는 방법이다. 손질한 무를 사방 2.5cm, 두께 0.2cm 크기로 써는 것을 말한다.

돌려깎기   씨가 있는 재료인 오이나 호박을 채 썰 때 많이 활용한다. 재료를 길이 5~6cm 크기의 통으로 썰어 한 손에 들고 껍질을 벗기듯이 가늘게 돌려가며 깎는다. 씨 부분을 제외하고 속살까지 돌려깎은 뒤 도마에 펴놓고 용도에 맞는 크기로 썬다.

파 컬 만들기   대파를 용도에 맞게 길이로 썰어 반으로 가른 다음, 자른 단면이 위로 올라오게 하여 도마에 펴서 곱게 채 썰고 냉수에 잠시 담가놓으면 파 컬이 된다. 파 겉절이 양념에 무쳐 고기와 함께 먹는다.

양배추 채 썰기   양배추를 꼭지가 위로 오게 하여 반으로 가른 다음 한 장 한 장 떼어내고, 두꺼운 줄기 부분의 잎맥은 포를 떠낸다. 이것을 2~3장씩 겹쳐 말아서 가늘게 채 썰고 찬물에 담갔다가 건지면 씹는 맛이 아삭하며 샐러드로 활용하기 좋다.

반달 썰기   재료를 길이로 반을 자른 후 단면을 도마와 맞닿게 놓고 재료의 직각 방향으로 칼을 넣어 필요한 두께로 썬다. 생신찌개나 된장찌개에 들어가는 호박이나 조림에 필요한 감자 등을 썰 때 활용한다.

은행잎 썰기   표고버섯이나 애호박 등의 재료를 열십자로 4등분하여 은행잎 모양으로 썬 것으로 조림이나 찌개에 활용한다. 표고버섯은 고명으로도 이용한다.

원형 썰기   오이나 연근 등의 식재료를 일정한 두께로 둥글게 써는 것을 말한다. 생채나 조림 등에 활용하며 조리법에 따라 두께를 다르게 썬다.

깍뚝 썰기   무, 당근, 고구마, 감자 등의 식품을 사방 2cm 정도의 정육면체로 써는 것을 말한다. 깍두기나 조림을 만들 때 활용한다.

어슷 썰기 파, 우엉, 당근, 오이, 호박, 셀러리 등 길고 가는 채소를 일정한 두께로 어슷하게 타원형으로 써는 방법이다. 전이나 생채, 조림 등에 활용하며 요리에 따라 얇거나 굵게 썬다.

다져 썰기 재료를 채 썰어 가지런히 모아 잡은 다음 다시 직각으로 잘게 써는 방법으로 요리에 따라 얇거나 굵게 썰어 다진다.

마구 썰기 오이, 당근, 감자 등의 가늘고 긴 재료를 서로 반대 방향으로 각이 지게 칼을 돌리며 써는 방법으로 조림 등에 이용한다.

편 썰기 밤이나 마늘 등을 납작하게 써는 방법이다.

기타 재료 손질하기 공글려 썰기, 벚꽃 썰기, 솔잎 썰기, 트라이앵글 썰기, 고추튤립, 눈꽃 썰기, 버섯 모양내기 등의 자르기 방법이 있다.

4

음식과
짝이 되는 양념

양념은 음식 맛을 돕기 위해 조금씩 넣는 조미료 또는 향신료를 말한다.

각 양념 특유의 맛과 향으로 음식에 풍미를 더하며 불필요한 냄새를 없애 식욕을 촉진한다.

따라서 각 양념의 상호 배합 비율, 양념의 많고 적음,

식재료에 따른 양념의 어울림은 식재료의 자르거나

조리 시간의 조절과 함께 요리의 가장 중요한 요소이다.

다양한 양념의 종류와 쓰임을 알아보자

파, 마늘 등의 분량이 표준계량법으로 표시되어 있다면 다진 재료를 뜻한다. 파, 마늘을 통째로 사용한다면 1대, 1톨, 1통으로 표기한다. 양념과 양념과의 비율은 요리와 재료에 따라 다소 차이는 있다. 대체로 향신 양념의 경우, 파는 마늘의 2배, 생강은 마늘의 1/6~1/3 정도로 계량한다. 고소한 맛을 내는 참기름, 깨소금의 경우는 참기름(1), 깨소금(2)의 비율로 계량한다. 나물과 같은 무침 요리에서는 고소한 맛을 극대화하기 위해 참기름, 깨소금을 같은 비율이나 분량으로 해도 무방하다.

소금　소금의 가장 중요한 기능은 음식에 짠맛을 내는 것이며, 식재료를 보존하는 역할과 부드럽게 하는 기능도 있다. 굵은 소금(호렴)은 간수를 뺀 것일수록 맛이 좋다. 장을 담그거나 김장할 때, 젓갈을 담글 때, 생선을 절일 때 주로 쓰인다. 재제염(꽃소금)은 희고 고운 소금으로 흔히 조리할 때 많이 사용한다.

음식에 넣는 소금의 양은 요리에 따라 다소 차이가 있지만, 국과 죽은 0.8~1퍼센트, 생선요리는 2퍼센트 이내, 생채나 무침요리 등은 재료 무게의 2.5~3퍼센트 이내의 소금 분량이면 대체로 적당하다. 양념의 분량은 요리의 양에 꼭 정비례하지는 않는다. 요리의 분량을 배로 늘렸을 때 소금의 양은 70퍼센트 정도만 더하는 것이 바람직하다. 요리할 때 소금은 재료가 어느 정도 익어서 부드러워졌을 때 넣는 것이 좋다.

파, 마늘　파, 마늘을 양념으로 사용할 때는 채로 썰거나 곱게 다져 쓴다. 파는 가열 요리에는 어슷하게 썰거나 둥글게 썰어 사용하고 무침 요리에는 곱게 다져 쓴다. 대파의 잎 부분은 자극이 강하고 쓴맛이 있으므로 다져 쓰기에는 적당하지 않으며, 고깃국의 냄새를 제거할 때나 조림, 볶음 요리에 통으로 넣어 쓰면 효과적이다. 마늘은 자극이 강해 고기와 생선의 누린내나 비린내를 없애거나 채소의 풋내 제거에 좋다. 향신료나 고명으로 사용할 때는 통째로 쓰거나 얇게 저며서 사용한다. 마늘은 주재료 100g 당 1작은술(1톨)의 분량이면 충분하다.

설탕 설탕은 요리에 끈기와 광택을 주며 음식의 단맛을 내면서 신맛, 짠맛을 약하게 한다. 꿀, 물엿, 조청 등을 대신 사용할 수 있다. 요리를 할 때 소금과 설탕이 함께 들어가는 경우, 분자량이 작은 설탕을 소금보다 먼저 넣는 것이 조직을 부드럽게 하여 좋다.

간장 간장은 단순히 짠맛을 내는 역할뿐 아니라 단맛, 신맛, 쓴맛, 감칠맛이 고루 섞인 복합적인 맛을 낸다. 간장에는 양조간장과 화학간장, 혼합간장이 있다. 양조간장은 자연 발효에 의한 간장으로 상(上)품에 속한다. 화학간장은 산분해간장이며 혼합간장은 양조간장과 화학간장을 섞어서 만든 것으로 가장 하(下)품이다. 국이나 나물에는 조선간장을 사용하며 조림, 볶음, 구이 등에는 진간장을 쓴다. 소고기, 돼지고기를 이용하는 육류 요리에는 살코기 100g당 1큰술의 진간장이면 적당하다.

고추장 고추장은 매운맛, 감칠맛, 단맛 등이 소금의 짠맛과 함께 잘 어우러져 독특한 맛을 낸다. 고추장을 이용한 볶음, 구이, 생채 요리 등에는 재료 100g당 1큰술의 고추장을 이용한다. 식재료의 특성상 수분이 많이 나오는 재료를 무칠 때는 고추장과 고춧가루를 같은 양으로 넣어준다. 이렇게 함으로써 고춧가루가 식품에서 나오는 수분을 흡수할 뿐만 아니라 얼큰한 맛을 즐길 수 있다. 그리고 필요에 따라 나머지 양념을 가감한다.

된장 나물을 무치거나 찌개, 국을 끓일 때 많이 이용한다. 생선 요리에 넣으면 냄새 제거에 좋다. 특히 족발이나 제육을 1차 손질할 때 된장을 이용하여 삶으면 특유의 누린내 제거에 용이하다. 재래된장은 오래 끓일수록 단백질이 분해되어 감칠맛이 우러나기 때문에 맛이 좋아지나 개량된장은 살짝 끓여 먹어야 맛이 있다.

양파 양파는 곱게 다져 사용하면 고기의 육질을 부드럽게 할 뿐 아니라 향미 채소로서도 역할을 한다. 생으로 사용하면 맛이 맵지만 가열하면 자체의 매운맛이 빠지면서 단맛이 난다. 따라서 육류나 생선 요리에 양파를 넣으면 비린내 제거와 풍미 증진에 도움이 된다.

생강 매운맛과 냄새가 강하며 양념으로 사용할 뿐 아니라 차를 끓이거나 한방 약재로도 쓰인다. 특유의 향기와 매운맛은 생선 비린내, 돼지고기와 닭고기의 누린내를 없애는 데 효과적이다. 육류나 어류를 조리할 때는 단백질이 응고한 뒤에 생강을 넣어야 방취 효과가 크다. 그러나 번거롭기 때문에 처음부터 양념에 생강을 넣고 조리하는 경우가 많다.

참기름 우리 음식의 양념 중 가장 대표적으로 쓰이는 조미료다. 나물 요리에는 고소한 맛을 내기 위해 반드시 사용한다. 가열 요리에는 마지막 단계에 넣어 참기름 향을 그대로 살리는 것이 좋다.
고기나 생선으로 포를 떠서 말릴 때 양념으로 참기름을 넣으면 건조 과정에서 유지의 산패가 일어나 좋지 않은 냄새가 나게 된다. 이럴 경우는 먹기 직전에 참기름을 발라 구워 먹는다. 요리할 때 고소한 맛을 내는 깨소금과 항상 같이 사용하며 깨소금의 1/2분량을 넣는다. 그러나 나물 무침 같은 고소한 맛을 내고자 할 때는 참기름과 깨소금을 같은 양으로 넣기도 한다.

깨소금 잘 익은 참깨를 물에 씻어 일어 건져 팬에 조금씩 넣어 통통하게 볶고 뚜껑 있는 병에 보관하였다가 필요할 때마다 분말기에 빻는다. 너무 곱게 빻으면 음식에 넣었을 때 지저분해져 요리가 볼품이 없다. 깨소금의 분량은 요리에 따라 차이가 있지만 대체로 참기름의 2배 분량이면 충분하다.

음식과 궁합이 맞는 양념 넣기

요리할 때 양념의 분량은 식품 재료의 성격에 따라 다소 차이가 있겠지만, 각 양념과의 상호 관계에서 그 배합 비율을 측정할 수 있다. 즉 마늘은 생강의 6배, 파는 마늘의 2배, 깨소금은 참기름의 2배 비율로 넣는다. 식재료 자체의 향을 즐기고자 할 때는 마늘, 파, 생강 등의 양념을 최소한으로 사용하거나 아예 넣지 않는 것이 좋다. 예를 들어 자연송이요리(구이), 마른 표고버섯나물, 셀러리나물, 인삼생채 등은 재료의 향이 강하기 때문에 마늘 등 향신 양념을 거의 넣지 않는다. 식재료와 양념의 특성을 알고 요리를 하면 시간 절약은 물론 버리는 양념이 없이 합리적이고 경제적인 요리를 할 수 있다.

나물 양념

보통 산나물은 삶거나 볶아서 무치는데, 이때 마늘을 생것으로 다져 쓴다. 마늘 맛이 강하다 싶을 때에는 나물을 볶을 때 마늘을 함께 넣어 익혀서 양념하면 매운맛이 약해진다. 나물에 참기름, 들기름을 넉넉히 넣으면 재료와 양념이 이루는 영양과 맛이 조화롭다. 또한 생채를 만들 때 식초, 설탕, 겨자를 넣으면 요리의 맛이 한결 돋보인다. 나물은 양념할 때 손바닥으로 눌러 가며 속까지 양념이 배도록 하는 방법이 있는가 하면, 살짝 양념만 섞이도록 하는 방법이 있다.

육류나 생선의 양념

육류나 생선 요리를 할 때 비린내, 누린내 제거를 위해서 양파, 마늘, 생강, 고춧가루 등을 이용한다. 특히 등 푸른 생선을 요리할 때는 설탕을 많이 넣으면 비린 맛이 더 난다. 이럴 때는 고춧가루, 식초, 레몬즙 등을 약간 넣어 비린내를 제거할 수 있다. 닭고기, 돼지고기 요리에는 생강을 넉넉히 넣어 요리하며 특히 돼지고기 요리에는 새우젓장이 어울린다.

양념을 넣는 순서는 설탕, 소금, 식초의 순으로 해야 배합이 잘되며, 참기름은 모든 요리의 마지막에 넣어야 고소한 맛을 살릴 수 있다. 그러나 육회의 경우는 고기에 설탕으로 먼저 양념을 해야 설탕이 녹으면서 육회 표면의 막을 형성하여 산소의 접촉을 막아 고기의 색이 선명하게 유지된다.

5

요리 솜씨를 좌우하는
기본 조리법

재료의 영양과 기능이 우수해도 잘못된 조리 방법으로 요리를 한다면
영양 손실은 물론 맛, 색, 질감이 떨어지게 된다.
그러므로 요리별로 기본이 되는 조리법을 제대로 알아 두어
음식의 맛과 영양을 높이는 것이 중요하다.

불 조절은 조리의 기본

조리 과정에서 불 조절은 매우 중요하다. 구이, 조림, 볶음 등 조리법에 따라 알맞은 조리 온도가 다르기 때문에 불과 온도에 대한 감각을 익히면 요리에 더욱 자신감을 가질 수 있다. 은근히 조려야 하는 찜이나 조림 요리를 센 불에서 빠르게 조리한다면 겉은 타고 속은 익지 않아 낭패를 보게 된다.

센 불은 불꽃이 냄비 바닥 전체에 닿는 것으로 가열기구의 레버가 완전히 열린 상태이며 볶음이나 구이 요리에 적합하다. 중간 불은 냄비와 불꽃 사이에 일정한 간격이 있는 세기이다. 약한 불은 긴 시간 천천히 가열하는 요리에 이용한다. 불을 사용해 음식 맛을 내는 기본 조리법을 익혀보자.

데치기와 삶기

데치거나 삶을 때는 재료에 따라 물의 온도를 달리하고 적당한 첨가제를 넣는다. 미나리, 시금치, 쑥갓 등의 채소를 삶을 때는 재료 무게의 1퍼센트 정도의 소금을 넣고 끓는 물에 재빨리 데쳐낸다.

이때 물은 채소가 잠길 정도로 충분히 넣고 센 불에서 뚜껑을 열고 삶는다. 이렇게 함으로써 분해된 유기산이 휘발하고 엽록소의 녹색이 남아 있게 된다. 소금을 넣으면 채소의 색이 더욱 선명해지고, 조직이 물러지지 않는다. 삶은 뒤에는 찬물에 재빨리 담가 식혀야 변색을 막을 수 있다.

무, 우엉, 감자 연근 등의 근채류는 쉽게 익지 않으므로 찬물에서부터 재료를 넣고 익힌다. 우엉이나 연근을 데칠 때 식초를 한 방울 떨어뜨리면 뿌리 채소의 갈변을 막을 수 있으며 특히 연근은 사각사각해진다.

육류나 어패류는 삶을 때 소금을 넣으면 단백질을 빨리 응고시켜 영양분의 유출을 막고 모양도 흐트러지지 않는다. 이때 양파, 파, 생강, 마늘 등의 향이 있는 채소를 넣고 끓이면 누린내와 비린내를 제거할 수 있다.

조림　조림 요리의 핵심은 조림 양념이 재료에 배어들고, 재료의 맛과 영양이 조림 국물에 흘러나와 재료와 국물의 맛이 어우러지게 만드는 것이다. 녹색채소 조림을 제외한 대개의 조림 요리는 국물의 간을 약하게 하여 재료가 잠길 정도로 넉넉하게 붓는다. 처음에는 센 불에서 끓이다가 끓기 시작하면 약한 불로 조려서 충분히 맛을 내야 한다. 잘 익지 않는 밤, 감자, 당근 등은 먼저 데치거나 삶아 익힌 후에 조리하면 좋다. 색깔을 곱게 하거나 씹는 느낌을 좋게 하려면 뚜껑을 덮지 않고 조리한다. 만약 뚜껑을 덮어 푹 익히려면 불을 약하게 해야 한다. 센 불에서 가열하면 맛이 재료에 스며들기 전에 국물이 졸아들어 타버린다.

볶음　볶음 요리를 맛있게 하려면 열이 오른 팬에 식용유를 두르고 마늘이나 생강을 곱게 다져 넣어 두세 번 뒤적이면서 마늘과 생강의 맛과 향이 기름에 베어나게 한다. 여기에 손질된 주재료를 넣어 볶으면 좋지 않은 냄새가 없어 질 뿐 아니라 풍미가 있는 요리가 된다.

볶음 요리를 할 때에는 불 조절이 매우 중요하다. 푸른색 채소를 약한 불로 오래 볶으면 누렇게 될 뿐 아니라 재료에서 물이 나와 아삭한 맛이 없어지고, 고기와 생선은 질겨지면서 영양분의 손실이 크다.

또한 여러 채소를 한꺼번에 넣고 볶는 경우가 있는데, 채소마다 익는 시간이 다르기 때문에 각각의 재료가 익기도 전에 재료가 축 처져 버리므로 채소는 한 가지씩 볶는 것이 좋다. 볶음 요리는 센 불에서 단시간에 볶으며, 양념이 안 된 것에서 된 순으로, 색이 엷은 것에서 어두운 순으로 볶아야 한다.

구이　구이는 굽는 불의 온도와 굽는 정도에 따라 냄새와 맛이 달라진다. 재료와 불과의 거리는 7~10cm 정도가 알맞으며, 직접 불에 갖다 대면 속은 익지 않고 겉만 타게 된다. 구이를 할 때는 재료에 따라 불의 세기를 조절해야 한다. 수분이 많은 것은 센 불에서 굽고, 크고 잘 익지 않는 것은 약한 불에서 천천히 굽는다.

밀가루 옷을 입혀서 구울 때는 처음에는 중간 불에서 굽다가 불을 약하게 하여 속까지 익히는 것이다. 또 양념을 발라 구이를 할 때 겉 양념이 미리 타 버리는 경우가 많은데 속까지 다 익히려면 참기름과 간장을 섞어 만든 유장을 바른 후 애벌로 구워 속까지 완전히 익히고, 다시 본 양념장을 발라 양념만 살짝 익혀내도록 한다.

석쇠를 이용할 경우 미리 석쇠를 달구거나 석쇠에 식용유나 식초를 바른 후 재료를 놓고 구우면 날라붙지 않는다. 직화구이의 대표적인 것이 소금구이로 재료 무게의 2~3퍼센트의 소금이 필요하다. 생선구이, 북어구이, 닭구이 등이 있다.

또한 팬을 달궈 식용유를 두르고 굽기도 하는데 이때 꽁치나 갈치 등 비린내 나는 생선은 잘 씻은 후 수분을 거둬들이는 정도로만 밀가루를 뿌리거나 밀가루즙을 발라 지지듯이 구우면 고소한 맛이 나며 비린내 제거에도 도움이 된다. 겉 표면이 응고되도록 센 불에서 단시간에 표면만 익혀 육즙이 밖으로 흐르지 않도록 한 다음 중간 불이나 약한 불에서 속까지 익히는 것이 좋다.

6

천연양념으로 내는
개운한 맛

음식의 맛을 낼 때는 재료 자체의 맛과 향을 잃지 않도록 하는 게 중요하다.

이를 위해 양념이 너무 강하지 않아야 하며, 인공 조미료보다는

천연양념을 써서 재료의 맛을 살려 주는 게 좋다.

조금 번거롭더라도 천연양념을 몇 가지 준비해 두었다가 요리에 어울리는 양념으로 활용하면

맛있는 요리가 완성된다.

천연양념을 만들어보자

다음은 자주 사용하는 천연양념을 만드는 방법이다. 여기에 소개한 천연양념 외에도 고추씨가루, 양파가루, 생강가루 등 다양한 천연양념이 있다. 대표적인 천연양념을 요리에 활용할 수 있도록 직접 만들어보자.

다시마가루

조리할 때마다 다시마를 물에 우려내려면 번거롭기 때문에 가루로 만들어 용기에 담아 두고 쓰면 매우 편리하다. 다시마 표면의 흰 가루를 젖은 면포로 닦아낸 후 팬에 올려 타지 않도록 굽는다. 다시마가 식으면 바삭하게 되는데 절구를 이용해 곱게 빻은 후 용기에 보관한다. 다시마가루를 조림, 찌개, 국 등에 넣으면 합성조미료를 쓸 때와는 색다른 맛을 느낄 수 있다.

맑은 국을 끓일 때는 다시마가루보다는 통 다시마를 사용하는 것이 좋다. 다시마의 구수한 맛을 내는 성분은 아미노산의 일종인 글루탐산 나트륨염이다. 다시마의 맛은 상온(20~30두)의 물에서 맛이 잘 우러나므로 끓이는 것보다는 찬물에 불린 다시마 물을 사용하는 것이 좋다.

멸치가루

다시용 멸치를 구입하여 머리와 똥을 떼어내고 식용유를 두르지 않은 팬에 볶아낸다. 이렇게 하면 멸치 특유의 비린내가 제거된다. 볶은 멸치가 식으면 바삭하게 되는데 절구를 이용해 곱게 빻은 후 용기에 보관한다. 된장찌개, 전골, 육수, 죽을 만드는 데 이용한다.

표고버섯가루

봄과 가을에 걸쳐 나는 생표고버섯을 구입해 말리면 영양과 맛이 좋은 마른 표고버섯이 된다. 이것을 필요할 때 따뜻한 물에 불려 용도에 맞게 썰어 사용하거나 곱게 갈아 가루로 만들어 용기에 보관하면 유용하게 쓸 수 있다. 기둥은 버리지 말고 된장찌개 등에 넣으면 국물 맛이 좋다. 특히 표고버섯 우린 물과 콩물, 간장을 같은 양으로 섞어 끓여 국물이 1/3이 될 때까지 졸이면 영양이 풍부한 별미 간장이 된다.

들깨
들깨(1컵)를 깨끗이 씻어 일어 건져서 물(3컵)을 넣고 믹서에 갈아 체에 밭친다. 찌꺼기는 버리고 즙만 사용하는데 색이 뽀얗다. 주로 나물이나 전골 요리에 이용하며 산뜻한 향과 고소한 맛을 느낄 수 있다.

또한 들깨는 볶아서 가루로 이용하기도 한다. 미리 준비해 용기에 넣어 두고 사용하며, 색이 검기 때문에 주로 찌개나 전골에 사용한다. 들깨를 거피하여 가루로 만든 하얀 들깨가루를 이용하여 버섯들깨즙탕을 만들기도 한다.

콩가루
콩은 깨끗이 씻어 좋지 않은 것을 골라내고 체에 건져 물기를 뺀다. 떡고물용 콩가루를 만들려면 먼저 콩을 타지 않게 볶는다. 이것을 굵게 갈아 껍질을 날려 버린 후 다시 절구로 갈아 고운체에 밭친다. 인절미 등의 떡고물로 이용한다.

날콩가루는 씻은 콩을 물기가 다 빠진 뒤 방앗간에서 가루로 만들어 사용한다. 봄철에 미각을 돋우는 달래, 쑥, 냉이 등을 씻어 물기가 있는 상태에서 날콩가루에 무쳐 육수에 넣어 끓이면 별미 요리를 만들 수 있다. 칼국수 반죽에도 날콩가루를 넣으면 영양이 뛰어나다. 또한 콩즙을 나물국에 넣으면 구수한 맛을 낸다.

참깨
깨를 깨끗이 씻어 타지 않도록 볶아서 곱게 갈아 3배의 물을 넣고 체에 걸러서 깨국물을 준비한다. 이것을 찌개, 전골, 나물 등에 골고루 이용한다. 또한 닭국물을 뽀얗게 끓여 닭국물(2), 깨즙(1~2)의 비율로 섞어 차게 식히면 초계탕이나 깻국탕을 만들 수 있다.

보리새우가루
보리새우는 수염과 다리를 손질한 뒤, 열이 오른 팬에 재빨리 볶아 식혀서 절구에 갈아 아욱국, 죽 등 각종 요리에 이용한다.

황태가루
황태채나 황태포를 손질하여 팬에 볶아 식힌 다음 분쇄기에 갈아 여러 국, 찌개, 죽 등에 넣어 활용한다.

7

국물 맛내기는
요리의 기본

국물을 끓일 때 보통 생선뼈, 수조육, 조개, 채소, 버섯류, 해조류 등을 이용하는데,

맛있는 국물을 내기 위해서는 처음부터 찬물에 담가 끓이도록 한다.

센 불에서 끓여야 수용성 성분이 충분히 빠져나오며,

한소끔 끓으면 위에 뜨는 거품을 걷어내면서 불을 약하게 하여 뜸들이듯이

오래 끓인 후 국물에 양념한다.

기본적인 국물 맛내기 요령

고깃국, 멸치육수 등 국물의 기본 맛내기 방법을 다음의 내용을 통해 살펴보자.

고깃국 고깃국을 끓이는 재료로 보통 장정육, 갈비, 홍두께, 사태육, 업진육, 소꼬리, 소머리, 소족, 도가니, 사골 등을 많이 이용한다. 고깃국을 끓일 때는 우선 고기를 찬물에 30분 이상 담가 핏물을 뺀다. 고기를 찬물(10컵)에 넣어 강한 불에 끓이다가 서서히 불을 줄여 은근한 불에서 오래 고아야 육즙이 국물에 모두 우러나서 국물 맛이 좋아진다. 처음부터 약한 불에서 끓이면 고기가 상한 것처럼 색깔이 붉게 되며, 센 불에서 계속 끓이면 고기 국물이 우러나기도 전에 국물이 졸아든다.

국물이 끓기 시작하면 중간 불로 줄이고, 고기 속이 다 익을 때까지 1시간 정도 끓었을 때 고기를 건져낸다. 고기는 쇠꼬챙이로 찔러 보아

재료
소고기(400g), 무(50g), 양파(1/2개), 대파(1대), 마늘(3쪽), 생강(1톨)

양념
소금(약간), 청장(약간), 후춧가루(약간)

피가 나오지 않으면 다 익은 것이다. 이 국물에 파, 마늘, 무, 양파, 생강 등을 큼직하게 썰어 넣고 20여 분을 더 끓인 다음 채소는 건져 버리고, 5퍼센트의 간장 또는 1퍼센트의 소금으로 간을 한다. 파, 마늘 등의 양념이 들어감으로써 고기 잡내를 제거하며 풍미가 있는 고깃국이 된다. 무를 비롯한 향미 채소를 처음부터 고기와 같이 넣고 끓이면 국물이 뿌옇게 되므로 주의한다.

고기를 편육으로 사용할 때는 고기 덩어리를 끓는 물에 넣어 끓인다. 육수를 목적으로 할 때는 향미채소와 물에 담가 핏물을 제거한 고기를 통으로 넣고 찬물을 부어 끓인다. 소고기 뼈로 맑은 장국을 끓이고자 할 때 처음에는 국물이 맑게 나

오지만 계속 끓이면 뿌연 국물이 나온다. 이럴 경우 갈비탕이나 맑은 장국에는 맞지 않다. 처음부터 소금을 조금 넣고 각종 향미 채소를 넣어 끓이면 누린내 제거와 함께 맑은 장국이 된다. 이것을 걸러 차게 식히면 기름기가 육수 표면에서 하얗게 굳으므로 기름을 걷어낸 맑은 육수를 이용해도 좋다.

맑은 장국은 밥에 곁들이는 국물로 이용하거나 요리의 육수로 다양하게 이용할 수 있다. 도가니, 사골, 양지머리를 오래 끓이면 물이 졸아드는데 중간에 찬물을 넣으면 누린내가 나고 맛이 덜하게 된다. 국물이 많이 줄어들어 물을 추가할 때는 끓인 물을 넣거나, 진한 국물을 따로 받아 놓고 다시 찬물을 부어 처음부터 끓여야 한다.

멸치육수

멸치는 다시용으로 구입하여 똥을 떼고 준비한다. 다시마는 미리 찬물(10컵)에 우려서 그 물에 손질한 멸치를 넣어 함께 끓인다. 무, 파, 마늘, 생강 등이 들어가면 한층 시원한 맛이 나며 멸치의 비린내가 줄어든다. 위에 뜨는 거품은 걷어내야 국물이 맑아진다. 육수가 끓기 시작하면 다시마는 건지고 불은 중간 불로 낮추고 4~5분 뒤에 멸치 등 재료를 체에 밭쳐서 맑은 국물만 사용한다. 다시마를 넣고 오래 끓이면 미끈한 점액인 알긴산이 흘러나오므로 멸치보다 먼저 건져내는 것이 중요하다. 멸치육수는 해물전골, 국수, 매운탕, 찌개, 토장국 등에 쓰면 좋다.

> **재료**
> 멸치(15마리), 다시마(1장=10
> ×10cm), 무(50g), 생강(2g), 파
> (1대), 마늘(2쪽)
>
> **양념**
> 소금(약간)

어패류육수

해물전골이나 생선 매운탕을 만들 때 사용하는 육수로 조개 국물, 생선뼈국, 멸치육수, 북어채 육수 등을 다양하게 이용한다. 해물전골을 끓일 때는 마른 통고추를 믹서에 갈아서 고춧가루와 섞고, 각종 양념을 넣어 끓이면 국물 맛이 시원하다. 민물생선이나 비린 맛이 나는 생선이 주재료인 매운탕에는 고추장이나 된장을 약간 넣으면 냄새도 제거되며 깊은 맛이 난다.

고기 육수를 끓일 때와 달리 매운탕을 끓일 때는 생선의 조직이 연하여 살이 풀어지기 쉬우므로 간이 된 상태에서 생선을 넣어도 좋다. 혹은 양념장을 미리 만들어 놓고 끓는 육수에 생선을 넣어 익히면서 양념장을 알맞게 풀어 간을 맞추기도 한다.

된장육수

된장국은 멸치육수나 속뜨물로 끓이면 좋다. 속뜨물은 쌀을 한 번 씻어내고 난 두세 번째 물을 말하며 속뜨물에 된장을 풀어 끓이면 채소의 풋내를 없애며 쌀겨에 섞인 효소의 작용으로 맛이 부드럽다. 토장국의 맛이 떫거나 쌉쌀할 때 고추장이나 고춧가루를 섞어 주면 맛을 돋울 수 있다. 보통 된장의 1/10~1/6의 분량이면 적당하다.

배추, 근대, 시금치, 아욱 등으로 된장국을 끓이면 각각의 향미를 느낄 수 있다. 이런 채소를 넣고 토장국을 끓이려면 중간 불에서 푹 끓여야 감칠맛이 나며, 마른 새우를 넣으면 푸른색과 붉은색이 어우러져 보기에도 좋다. 특히 시금치는 수산이 많기 때문에 살짝 데친 뒤에 이용하는 게 좋다.

된장국을 끓일 때는 콩 건더기를 체에 밭쳐 건져내는데, 찌개의 경우는 콩 건더기를 그대로 두어도 좋다. 토장국에 사용하는 된장의 양은 국물 1컵에 된장 1큰술이 적당하다. 평소에 맛된장을 미리 만들어 두면 바쁠 때 요긴하게 쓸 수 있다. 맛된장에 물을 넣어 끓이면 맛있는 된장국, 된장찌개 등이 되고, 고추장과 고춧가루 등을 넣어 쌈된장을 만들면 그 맛이 일품이다.

2장

양념공식
요리비결

우리 음식은 한 가지 음식을 만들 때마다 갖은 양념을 준비해야하는 번거로움
이 있다. 바쁜 일상 속에서 요리할 때 마다 일일이 양념을 준비하기에는 많은
수고가 필요하다. 그러다 보니 진간장을 가공한 맛간장이나 표고버섯간장이,
원래의 고추장보다는 초고추장이나 볶음고추장 등이 더 익숙하다. 이제부터는
양념공식을 활용해 첨가물이 전혀 들어가지 않은 양념장을 직접 만들어보는
것은 어떨까. 모든 요리의 기본은 양념장이다. 양념장과 소스에 따라 요리의
맛이 좌우되는데 처음에는 비율대로 계량해야하기 때문에 번거로울지도 모른
다. 하지만 양념장 만들기를 몇 번 해보면 몸에 배어 자연스러워질 뿐 아니라
자신에게 맞는 맛을 만들어 갈 수 있으며 점차 요리에 자신감이 생기리라 확신
한다.

1

—

갖은 양념을 하나로 모은
별미 양념장

한식 요리에서 재료와 양념은 실과 바늘의 관계라 할 수 있다.

아무리 좋은 식재료라도 양념이 맞지 않으면 참맛을 느낄 수 없다.

모든 요리는 재료 선택에 따라 양념과 소스가 어우러져야 제 맛이 난다.

이를테면 고기 요리에는 육질에 간이 잘 배는 것, 생선 요리에는 향미를 돋울 수 있는 것,

채소 요리에는 상큼한 맛이 나게 하는 양념이어야 한다. 항상 만들어 놓고 사용하면

요리를 쉽고 빠르고 맛있게 만들 수 있는 별미 양념장 만들기에 도전해 보자.

  양념공식 01 **맛간장**

간장 : **1**
설탕 : **0.7**
물 : **1**

재료
양파(20g), 셀러리(10g), 대파(10g), 마른
고추(1개), 마늘(2쪽), 생강(2g), 간장(1컵),
설탕(0.7컵), 통후추(1/2작은술), 물(1컵)

만드는 법
1. 냄비에 간장, 설탕을 제외한 재료를 모두 넣고 센 불에서 10분
   가열하고,
2. 끓기 시작하면 중간 불로 불을 줄이고 채소즙이 다 빠져나올
   때까지 끓인 뒤 건지는 체에 밭쳐 버리고,
3. 간장, 설탕을 넣고 약한 불에서 조린 다음 고운체에 밭쳐 식혀
   마무리.

양념공식
요리비결

맛간장을 만들 때 파 뿌리나 파 잎, 양파 껍질, 셀러리
밑동 등 향미 재료의 버리는 부분까지 깨끗이 씻어
활용하면 색과 맛에서 더욱 돋보인다. 특히 양파 껍질
에 있는 퀘르세틴 성분은 지방 성분의 산패를 막아 주며 고혈압 예방에
효과가 있다고 알려져 있다. 설탕 분량은 개인의 기호에 따라 조절하여
사용한다.
요리할 때마다 파, 마늘 등을 따로 준비할 필요 없이 맛간장을 사용하면

편리하다. 떡볶이, 낙지볶음, 어묵볶음, 양송이버섯볶음, 불고기 등의
요리를 할 때 바로 이용할 수 있으며, 특히 밑반찬이나 특식을 요리할
때 많이 사용한다.
마른 재료(건어물류)는 충분히 물에 불리고, 양송이버섯이나 홍합 등의
신선 재료는 살짝 데쳐 체에 밭쳐서 물기를 빼고 센 불에서 볶다가 맛
간장을 넣고 재빨리 볶아낸다. 기호에 따라 양파, 붉은 고추, 풋고추를
채 썰거나 사각 썰기하여 볶아 섞으면 맛이 뛰어나다.

볶음고추장

고추장 : 1
설탕 : 0.25
물 : 0.5

재료
다진 북어(30g), 다진 양파(1큰술),
마늘(1큰술), 고추장(1컵), 참기름(2큰술),
설탕(3큰술), 물(1/2컵),

북어 양념
간장(1/4작은술), 참기름(1/2작은술),
깨소금(1/2작은술), 후춧가루(약간)

만드는 법
1. 북어는 껍질을 제거하고 곱게 다져 북어 양념하고 양파도
   다지고,
2. 열이 오른 팬에 식용유를 두르고 다진 양파와 마늘을 볶다가
   양념한 북어를 넣어 볶고,
3. 팬에 고추장, 설탕, 물(1/2컵), 참기름을 넣고 충분히 볶고,
4. 주르륵 떨어지는 정도의 농도가 되면 불을 끄고 용기에 담아
   마무리.

양념공식
요리비결

기본 재료는 고추장, 설탕, 물이며 각각의 비율에 따라 짠맛과 단맛이 달라진다. 부재료는 다진 소고기, 북어가루, 새우가루, 멸치가루 중에서 선택하고 다진 양파와 파, 마늘 등을 준비한다. 먼저 고기나 양파를 볶다가 고추장과 설탕, 물, 참기름을 넣고 볶는다. 물이나 육수를 넣으면 염도를 줄일 뿐 아니라 볶으면서 타는 것을 막을 수 있다. 설탕은 개인의 취향에 따라 고추장 분량의 1/2 또는 1/3로 맞추는 것이 좋다. 설탕은 고추장의 단맛이나 양파의 양에 따라 차이가 나므로 취향에 따라 넣는다. 볶음고추

장을 만들 때 타지 않도록 밑이 두꺼운 냄비를 사용하며 나무주걱으로 저어주어야 한다. 주물 팬으로 볶음고추장을 만들면 구수한 맛과 함께 풍미가 더해진다. 센 불에서 계속 졸이면 바닥이 타면서 주변에 튀므로 중간 불에서 주걱으로 계속 저으면서 졸인다. 오랜 시간 졸이면 윤기가 나며 수분이 날아가 장기간 보관이 가능하다. 식으면 농도가 더욱 되직해 지므로 식었을 때를 감안해 주르륵 흘러내릴 정도로 졸인다. 다진 북어 대신 다진 소고기를 넣어도 좋다.

양념공식 03 고추기름

기름 : 1
고춧가루 : 0.8~1

재료
다진 파(2큰술), 다진 마늘(2큰술),
다진 생강(1작은술), 고춧가루(2.5컵),
식용유(3컵)

만드는 법
1. 팬에 식용유(1큰술)를 넣고 다진 파, 마늘, 생강을 넣어 양념
   맛이 기름에 배도록 볶고,
2. 남은 식용유를 부어 기름이 뜨거워지면 굵은 고춧가루를 넣고
   불을 끈 후 5~10분 식히고,
3. 기름에 고추의 매운맛과 붉은 색이 배어들면 체에 거즈를 받쳐
   기름만 빠져나오도록 하고 마무리.

양념공식
요리비결

기름에 파, 마늘 생강 등의 매운 향과 맛이 나기 때문에 해산물 볶음요리에 특히 좋다. 고추기름을 만들 때 기름의 온도가 너무 높으면 고춧가루가 타고 쓴맛이 나며 색도 보기에 좋지 않으므로 기름이 타지 않도록 온도에 주의한다.

고추기름을 소량 만들 때는 기름과 고춧가루의 비율을 같은 양으로 하여 만든다. 고추기름은 돌솥비빔밥이나 각종 해물요리, 건어물의 볶음요리에 이용할 수 있다.

맛식초

식초 : **1**
설탕 : **0.7**
소금 : **0.3**

재료
식초(1컵), 설탕(0.7컵), 소금(0.3컵)

만드는 법
1. 식초, 설탕, 소금을 냄비에 넣어 가열하고,
2. 설탕과 소금이 녹으면 바로 불을 끄고 마무리.

양념공식
요리비결

신맛, 단맛, 짠맛의 황금비율에 맞는 맛식초를 만들어 사용하면 쉽게 요리할 수 있다. 무나 오이를 썰어 맛식초를 넣고 버무리면 하얀색의 무생채와 오이생채가 된다. 여기에 고춧가루, 파, 마늘, 깨소금을 넣고 버무려 마무리한다. 간이 부족하면 소금, 설탕을 추가하여 간한다.
맛식초는 새콤달콤한 맛을 내는 해물겨자냉채, 해파리냉채, 초밥소스, 김초밥 등에 주로 조금씩 사용한다. 파래생채, 무생채, 오이생채, 더덕생채, 오이냉국 등 신맛이 들어가는 요리에도 적용할 수 있다. 마요네즈를 사용할 때도 맛식초를 약간 넣고 와사비나 발효겨자 등을 섞으면 산뜻한 맛이 난다. 다양한 샐러드소스와 생채, 냉채소스로 활용한다.
전채요리나 쓴맛 나는 재료를 이용하는 생채요리는 식초(1), 설탕(1), 소금(1/3)의 비율로 섞어 맛을 내면 좋다.

맛된장

집된장 : 2

채수 또는 다시마육수 : 1

멸치가루 : 0.2

향신 채소(파+마늘+양파+청홍고추) : 1

재료
다진 파(1/4컵), 다진 마늘(1/4컵), 다진
양파(1/4컵), 다진 청홍고추(1/4컵),
집된장(2컵), 채수 또는 다시마육수(1컵),
고춧가루(1/3컵), 멸치가루(1/3컵)

만드는 법
1. 향친 채소인 파, 마늘, 양파, 청홍고추를 곱게 다지고,
2. 집된장에 채수 또는 다시마육수를 넣고 고춧가루, 멸치가루를
   섞고,
3. 다진 채소를 섞어 마무리.

TIP 채수 또는 다시마육수가 없다면 물(1컵)을 넣어요.

양념공식
요리비결

염도를 낮추기 위해 육수와 대파, 양파 등의 식재료를
다져 넣는다. 고춧가루와 멸치가루를 넣으면 얼큰한
맛과 멸치육수의 맛을 낼 수 있으며 준비된 양념을
모두 혼합하여 뚜껑 있는 용기에 보관한 다음 필요할 때 물에 재료와
양념을 넣고 바로 찌개를 끓일 수 있다. 기호에 따라 콩가루를 넣기도
한다. 쌈장을 만들 때는 맛된장에 고추장과 참기름, 깨소금, 매실액을
첨가하면 좋다.

2

요리만으로는 아쉬울 때, 곁들이 양념장

곁들이는 양념장이 무엇이냐에 따라 음식의 맛이 달라진다.
하지만 시간이 없을 때는 양념장을 생략하거나 아무렇게 만들기도 한다.
양념공식에 따라 곁들이 양념장을 만들어 보면 양념장 만들기가 이토록 쉬웠나 하고
생각될 뿐만 아니라 음식의 맛이 배로 살아나는 것을 느낄 수 있다.

초간장

양념공식
06

간장 : **1**
식초 : **0.5**
설탕 : **0.15~0.25**
물 : **1**

재료

간장(2큰술), 식초(1큰술), 설탕(1작은술),
물(2큰술), 깨소금(1/2작은술)

만드는 법

1. 재료를 비율에 맞춰 넣어 마무리.
2. 취향에 따라 깨소금을 넣어도 좋다.

양념공식
요리비결

초간장은 각종 전유어나 소고기 편육, 만두 튀김 등에
곁들이는 양념장이다. 설탕은 간장의 1/4~1/6의 비
율로 넣으면 단맛은 나지 않으면서 감칠맛이 나기 때

문에 더 좋다. 주재료의 간이 약할 때는 물을 넣지 않고 간장, 식초로 간
한다. 개인의 취향에 따라 고춧가루, 깨소금, 설탕, 잣가루 등을 넣기도
한다.

양념간장

간장 : **1**
다진 파 : **0.5~1**

재료

다진 파(3큰술), 마늘(1작은술),
깨소금(1큰술), 고춧가루(1작은술),
설탕(1작은술), 간장(3큰술), 참기름(1큰술)

만드는 법

간장과 다진 파를 비율에 맞춰 넣은 후 나머지 양념을 섞고 마무리.

고소한 맛을 내기 위한 양념장이므로 참기름과 깨소금은 기본 원칙에서 벗어나 넉넉히 넣는 것도 좋다. 주로 비빔밥, 도토리묵, 꼬막장에 곁들이는 용도로 이용하며 요리의 재료에 따라 후춧가루, 생강즙을 추가하기도 한다. 간장만 사용하면 염도가 높아 짠맛이 너무 강하다. 간혹 짠맛을 줄이기 위해 물을 섞는 경우가 있는데, 완성 후 맛이 없어 보인다. 이때는 파의 대, 줄기 부분이나, 달래, 양파 등을 곱게 다져서 간장과 같은 양 또는 1/2 분량을 넣으면 채소에서 수분이 빠져나와 짠맛이 희석되어 더 먹음직스런 양념장이 만들어진다. 파는 쪽파의 줄기, 잎 또는 대파의 연두색 줄기 부분이 들어가면 양념장의 색깔이 먹음직스럽다. 요리의 주재료가 비린내 혹은 누린내가 많이 나는지에 따라 마늘 분량을 조절한다.

양념공식 08

겨자간장

간장 : 1
식초 : 0.5
설탕 : 0.15~0.25
물 : 1
발효 겨자 : 0.25

재료
간장(2큰술), 식초(1큰술), 설탕(1작은술),
물(2큰술), 발효겨자(1/2큰술)

만드는 법
재료를 비율에 맞춰 넣어 마무리.

양념공식 요리비결

겨자간장은 초간장에 발효시킨 겨자를 섞은 것이다. 생선 요리나 육류 요리에 이용하며, 어선, 밀쌈 등에 곁들이면 좋다. 생선, 해물 등에 숙주를 넣고 철판 요리를 할 때도 활용한다.

초고추장

고추장 : **1**

식초 : **1**

설탕 : **0.5**

재료

고추장(1/2컵), 식초(1/2컵), 설탕(1/4컵),
다진 마늘(1작은술), 깨소금(1큰술),
참기름(약간)

만드는 법

재료를 비율대로 섞고 나머지 양념을 모두 섞어 마무리.

양념공식
요리비결

초고추장은 한꺼번에 많이 만들어 용기에 담아 냉장
보관하면 필요할 때 쉽게 이용할 수 있다. 대량으로
만들 때는 식초, 설탕의 양을 줄인다.
오래 보관하였던 초고추장을 사용할 때는 신맛이 줄어들었기 때문에
식초를 추가하거나 레몬즙을 넣으면 좋다. 설탕 대신 물엿이나 꿀을 넣
기도 하는데, 꿀을 이용할 때는 맛이 부드럽지만 단맛이 강해 꿀의 양을

줄여 사용한다. 초고추장은 주로 어패류 회나 강회에 활용한다. 곁들이
는 초고추장과 무침용 초고추장은 각각 짠맛과 농도에 따라 차이가
나므로 어떠한 용도로 쓰이는지에 따라 내용이 다소 달라지므로 유의
한다.

3

요리 시간이 빨라지는
조리용 양념장

한식 요리는 '대충 하면 된다.'는 고정관념이 강하다.

그래서 조림, 볶음, 찜 등을 할 때 양념 간을 그때그때마다 대충 하다 보면

싱겁거나 짜거나 맵거나 해서 맛이 한결같지 않다.

여기서 소개하는 양념의 배합 비율을 정확하게 맞춘 조리용 양념장을 활용하면

조리 시간이 빨라지면서 음식 맛을 일정하게 유지할 수 있다.

양념공식 10 # 구이용 간장양념장

간장 : 1
설탕 : 0.5~0.7
물 : 1

만드는 법

재료를 비율에 맞춰 넣어 마무리.

TIP 물 대신에 배즙, 양파즙, 청주 등을 넣어도 좋아요.

 양념공식 요리비결

간장에 대한 단맛은 개인 취향에 따라 충분히 조절이 가능하다. 또한 구이요리 재료의 단맛이나 쓴맛에 따라서 설탕의 양은 달라질 수 있다. 재료의 단맛이 많으면 설탕을 줄이고, 쓴맛이 나는 경우는 설탕을 더 넣어 양념장을 만든다. 너비아니구이와 같은 구이 요리를 할 경우 살코기 100g당 1큰술의 간장이 필요하며, 그에 따라 설탕의 양은 간장의 0.5~0.7배 필요하다.

볶음 · 조림 · 찜용 간장양념장

간장 : 1
설탕 : 0.5~0.7
물(육수) : 3~4

만드는 법
재료를 비율에 맞춰 넣어 마무리.

장조림과 같이 볶음, 조림 등 물이 들어가는 요리에 필요한 간장양념장이다. 재료의 덩어리가 클수록 물이 많이 필요하므로 양념공식 10 구이용 간장양념장에 물을 간장의 3~4배 분량을 넣어 오랜 시간 은근히 뚜껑을 열고 양념을 끼얹어가며 조리한다.

양념공식 12 # 뼈 있는 육류용 간장양념장

간장 : 1
설탕 : 0.5~0.7
물 : 4~6

만드는 법
재료를 비율에 맞춰 넣어 마무리.

 양념공식 요리비결

뼈 있는 육류인 돈족찜, 갈비찜, 돼지갈비찜, 닭찜 등을 만들 때 활용한다. 요리할 때 간장양념장이 주재료에 비해 너무 많으면 맛이 짜다. 돈족조림 같은 경우 덩어리가 크면 물 분량은 간장의 6배까지 넣는다. 돼지족발의 껍질에 주로 들어 있는 콜라겐은 가열하면 젤라틴화하는데 설탕이 젤라틴화를 촉진하므로 간장 분량의 0.7배로 계량한다.

갈비에 붙어 있는 살코기는 뼈를 제외하면 50~70퍼센트 정도이다. 따라서 양념이 필요치 않는 뼈가 30~50퍼센트이므로 갈비 100 g당 진간장은 대략 1/2~2/3큰술이다.

그러나 물 분량은 오히려 뼈의 무게가 있으므로 부피가 더 커져 물 혹은 육수는 간장의 4~5배 분량을 넣는다. 즉 살코기로 할 때 보다 간장은 2/3 정도이며 물은 더 많이 필요하므로 감안하여 계량한다. 갈비찜을 양념할 때는 뼈 무게를 무시하고 살코기 양념으로 준비해도 좋다.

양념공식의 응용 요리

다음 내용을 참고하여 양념 공식을 요리에 응용해보자.

소고기 요리

불고기(600g)를 양념할 때 간장(6큰술), 설탕(4큰술)의 비율이 좋다. 청주, 배즙, 양파즙 등으로 물을 대신해도 좋다. 3배의 물을 넣어 양념하면 고루 양념이 밴다. 오븐구이나 꼬치구이, 석쇠구이의 경우는 물을 넣지 않아야 고기의 맛을 살리면서 맛있게 구워진다.

간장, 설탕, 물을 비율에 맞춰 넣었다면, 양파, 파, 마늘, 생강, 청주, 후춧가루 등의 재료를 추가해보자. 재료에서 나온 맛이 다시 주재료에 흡수됨으로써 풍미 있는 요리가 된다. 소고기로 찜이나 장조림을 할 때 고기가 충분히 삶아진 후에 간장양념장을 넣어야 고기가 질겨지지 않는다.

닭고기 요리

충분히 달군 팬에 식용유를 두르고 마늘을 볶다가 닭고기를 넣어 볶으면 마늘 맛이 기름에 배어들어 닭의 누린내가 줄어든다. 준비된 간장양념장을 넣고 속까지 익도록 국물을 계속 끼얹어가며 뚜껑을 연 채 조리하면 윤기가 나는 요리가 된다. 닭 요리에 무, 당근, 밤을 넣으면 화려하고 맛있게 보이며 영양도 좋다.

무, 밤 등은 먹기 좋은 크기로 썰어 테두리를 깎고 1차 삶아낸 후 닭고기와 함께 은근히 조린다. 이렇게 하면 부재료의 모양이 흐트러지지 않고 국물이 걸쭉하지 않게 된다.

돼지고기 요리

덩어리 돼지고기는 요리하기 전에 파 잎, 양파 등을 넣은 된장 물에 삶아내어 찬물에 씻는다. 이후 편육을 만들거나 간장양념장을 넣고 조려 찜, 장조림 등을 만든다. 이때 마른 고추, 대파, 생강, 마늘, 양파 등을 함께 넣고 조리면 채소의 풍미가 돼지고기에 배어 더욱 맛있다. 돼지고기 요리의 간은 새우젓으로 하면 음식 궁합이 잘 맞는다.

너비아니 양념공식 10의 응용

재료
소고기(등심, 300g), 잣가루(1/2큰술),
식용유(1큰술)

양념장
배(1/4개), 파(1/5대), 마늘(3쪽),
생강(5g), 간장(2큰술), 설탕(1큰술),
참기름(2작은술), 깨소금(2작은술),
후춧가루(약간)

만드는 법
1. 소고기는 표면의 기름을 제거하여 7 X 5 X 0.4cm 크기로 썰어
   잔 칼집을 넣고,
2. 배는 껍질과 씨를 제거해 속살을 잘게 썰고,
3. 파, 마늘, 생강은 잘게 썰어 배와 함께 믹서에 물(4큰술)을 넣어
   갈고,
4. 갈아 놓은 재료에 간장, 설탕, 참기름, 깨소금, 후춧가루를 섞어
   양념장을 만들고,
5. 손질한 소고기에 양념장을 부어 무치고 잣은 잘게 다지고,
6. 팬에 노릇하게 구워 접시에 담아 잣가루를 뿌려 마무리.

돈족찜 양념공식 12의 응용

재료
돼지족발(5개)

족발 삶는 물
물(5컵), 청주(1/2컵), 통후추(10알),
생강(10g), 마늘(3쪽), 된장(4큰술)

조림장
간장(1컵), 물(6컵), 설탕(2/3컵),
물엿(3큰술), 파(1대), 마늘(6쪽),
생강(20g), 양파(1/2개), 통후추(10알),
건고추(3개), 샐러리(1/4대=10cm)

만드는 법
1. 돼지족발은 깨끗이 씻어 불에 털을 그슬려서 태우고,
2. 물(5컵)에 통후추, 생강, 마늘, 청주를 넣고 된장을 풀고 손질한
   돼지족발을 센 불에서 거의 익을 때까지 삶아 냉수에 씻어놓고,
3. 냄비에 조림장 재료를 넣고 삶아낸 돼지족발을 넣어 은근한
   불에서 계속 조리고,
4. 다 조려지면 돼지족발이 뜨거울 때 뼈에서 살을 발라내고,
5. 김발 위에 랩을 깔고 돈족의 살과 껍질을 넓게 펼쳐 지름 4cm
   크기로 말아 식히고,
6. 두께 0.3cm 크기로 잘라 접시에 담아 마무리.

살코기 육류용 간장양념장

간장 : 1
설탕 : 0.5~0.7
물(육수) : 1~4

만드는 법
재료를 비율에 맞춰 넣어 마무리.

양념공식
요리비결

얇게 썰어 준비한 불고기용 소고기뿐 아니라 덩어리 고기인 돈사태, 소고기찜, 장조림 등 다양한 요리가 있다. 불고기의 경우 얇게 썰었기 때문에 물의 양은 간장과 같은 양을 넣는다. 덩어리가 크거나 사태와 같이 콜라겐이 많은 재료는 오래 가열해야 하므로 물을 많이 넣는다.

장조림, 사태찜은 덩어리 고기이므로 양념장이 충분히 잠길 정도로 계량하는 것이 좋다. 부드럽게 조리하기 위하여 1차 삶아낼 때 얼마나 부드럽게 삶았는지에 따라 요리가 부드러워 진다.

고기 속까지 양념이 배도록 하기 위해서는 은근한 불에서 서서히 가열해야 하므로 다른 요리보다 시간이 많이 필요하다. 설탕 분량은 개인의 기호에 따라 가감하며 물 분량은 간장의 4배 이상 넣는다. 물이나 육수는 일부 분량을 배즙이나 청주를 대신 넣기도 한다.

배즙이나 양파즙 등을 넣으면 재료를 부드럽게 하며 단맛을 더해준다.

양념공식 14

흰살 생선 조림장

간장 : 1
설탕 : 0.5~0.7
물 : 3~4

만드는 법
재료를 비율에 맞춰 넣어 마무리.

 양념공식 요리비결

흰살 생선은 도미, 대구, 민어 등으로 맛이 담백하므로 간을 약하게 해도 맛있게 먹을 수 있다. 간장(1), 설탕(1/2)의 비율로 넣고 청주나 물을 넣어 조림 국물을 만든다. 국물의 양은 생선이 자작하게 잠길 정도이다. 간장의 3~4 배의 육수나 물을 넣어 약한 불에서 국물을 끼얹어 가며 조린다. 생선이 크거나 살이 많은 경우는 국물이 속까지 배도록 충분히 조린다. 그러나 뼈를 제거하여 살만 조릴 때는 생선의 단백질 응고가 빨라지므로 통째로 조리할 때보다 국물 분량을 적게 만들어야 짠맛이 덜하다.

붉은살 생선 조림장

간장 : 1
설탕 : 0.1~0.3
물 : 3~4

만드는 법
재료를 비율에 맞춰 넣어 마무리.

양념공식
요리비결

붉은살 생선은 꽁치, 정어리, 고등어, 연어 등이며 흰살 생선보다 지방이 많아 고소하고 느끼한 맛이 강하다. 특히 양념의 단맛이 강하면 비린 맛이 더 심해지기 때문에 흰살 생선보다 단맛 비율을 줄이거나 아예 넣지 않고 양파 등의 천연양념으로 맛을 내는 게 좋다. 설탕은 간장의 0.1~0.3배로 준비한다. 양파는 생으로 이용하면 매운맛이 나지만 가열하면 단맛이 나게 되므로 육류, 생선 요리를 가열할 때 양파를 넣으면 비린 맛 제거에 도움이 된다. 이외에 고춧가루, 식초, 레몬즙을 사용하면 좋다.
생선조림은 생선 속까지 양념이 배도록 중간 불에서 작은 것은 20여 분, 큰 것은 30~40분 동안 은근히 조린다. 조리다보면 생선의 젤라틴 성분이 국물에 녹아 젤과 같이 되며, 식으면 걸쭉하게 굳는다. 생선만 조리는 것보다는 무, 감자 등과 같이 조리면 생선 맛이 무, 감자에 배어들고, 무 맛이 생선에 옮겨 한층 맛이 좋다.
생선조림의 양념 분량은 일반적으로 '생선이 잠길 정도'이다. 이것은 손질한 생선 재료가 1kg일 때, 재료 무게의 70퍼센트인 0.7kg의 양념이 필요하다는 의미이다. 초보자의 경우에는 생선 재료와 같은 분량의 양념을 만들어도 좋다. 양념 국물에 파, 마늘, 생강, 청주, 양파 등의 식재료를 통으로 넣어 끓이고 나서 건져내면 더욱 좋다. 생선 요리에는 청주 등의 술이 들어감으로써 맛이 쫄깃하며 조직이 덜 부스러진다. 또 고춧가루를 첨가하면 보기에도 좋고 비린내를 없앨 수 있다.

무침용 생채 간장양념장

간장 : **1**
설탕 : **0.5**
식초 : **0.5**

재료
다진 파(4큰술), 다진 마늘(1큰술),
간장(4큰술), 설탕(2큰술), 식초(2큰술),
고운 고춧가루(2작은술), 깨소금(1큰술),
참기름(1/2작은술), 레몬즙(약간)

만드는 법
재료를 비율에 맞춰 넣어 마무리.

양념공식
요리비결

새콤한 맛의 간장양념장은 우리 고유의 양념장으로
생채요리에 많이 이용한다. 보통 식초를 넣으면 참기
름을 넣지 않았으나 최근에는 새콤달콤한 맛에도 고

소한 맛의 참기름을 넣어 맛을 극대화하기도 한다. 다진 파를 간장과 같
은 양으로 넣어 짠맛을 조절할 수 있다.

구이 · 볶음용 고추장양념장

양념공식 17

〈뿌리채소류〉		〈육류 가금류〉		〈해물류〉	
고추장 :	1	고추장 :	1	고추장 :	1
고춧가루 :	0.3	고춧가루 :	0.5	고춧가루 :	1
간장 :	0.3	간장 :	0.2	간장 :	0.4
		청주 :	0.3	청주 :	0.6

만드는 법
재료를 비율에 맞춰 넣어 마무리.

양념공식
요리비결

고추장을 이용한 구이, 볶음 요리에 고춧가루와 간장, 청주가 들어가면 색과 맛이 더욱 좋다. 뿌리채소류는 청주를 넣지 않아도 무방하며, 고춧가루는 고추장의 0.3배가 필요하다. 육류, 해물류에는 청주가 들어감으로써 냄새를 제거하는 역할을 하며, 기본 고추장양념장에 간장과 청주를 넣어 농도 조절이 가능하다. 구이, 볶음 요리에는 주재료와 부재료가 섞이기 때문에 주재료를 다듬고 버리는 부분의 분량을 부재료가 채워 준다.
육류, 가금류에는 고추장에 고춧가루가 1/2배 들어가며, 고춧가루를

갤 정도의 수분 분량을 간장과 청주로 섞어 맞춰준다. 해물류에는 고추장과 같은 양의 고춧가루를 넣으며 간장과 청주를 합한 분량이 고춧가루와 같은 양이 되도록 준비한다.
그러나 간장을 너무 많이 넣으면 짠맛이 강해지므로 양념장의 색을 더 맛있게 할 정도의 소량만 넣어야 좋다. 물론 넣지 않아도 무방하다.
고추장양념장을 이용해 만들 수 있는 구이, 볶음 요리로는 낙지볶음, 오징어볶음, 제육볶음, 곱창볶음, 오리볶음, 더덕구이 등이 있다.

양념공식의 응용 요리

다음 표를 참고하여 구이·볶음용 고추장양념공식을 요리에 응용해보자.

구분	채소류	육류, 가금류	어패류, 해물류
재료	우엉, 더덕	돼지고기, 닭고기, 곱창, 오리고기	오징어, 낙지
주재료	깐 더덕 200g	제육 200g	오징어 1마리(250g)
매운맛	고추장 2큰술 고춧가루 2작은술	2큰술 1큰술	1큰술 1큰술
수분	간장 2작은술 청주 ×	1/2큰술 1/2큰술	1.5작은술 1.5작은술
냄새 제거	다진 파 4작은술 다진 마늘 2작은술 후춧가루 약간	4작은술 1큰술 –	2작은술 1작은술 –
단맛	설탕 1큰술 물엿 1큰술	1작은술 1작은술	1작은술 1작은술
고소한 맛	참기름 1작은술 깨소금 2작은술	2작은술 2작은술	1작은술 2작은술

우엉, 더덕은 뿌리채소 자체의 향을 살리기 위해 부재료를 넣지 않는다. 육류와 가금류 요리는 취향에 따라 깻잎, 양파, 풋고추, 실파 등을 곁들여 양념하면 좋다. 해물류를 요리할 때는 너무 오래 볶거나 저온에서 조리하지 않도록 한다. 익으면서 수분이 많이 나오므로 고추장과 고춧가루를 같은 양으로 넣어 요리한다. 대량으로 요리를 할 때는 손질한 해물을 끓는 물에 빠르게 데친 후 양념한다. 기호에 따라 양념을 적절하게 가감한다.

생채용 양념장

소금 : **재료의 1~2%**
식초 : **재료의 5~10%**
설탕 : **재료의 10%**
고추장 : **재료의 5%**

만드는 법
재료를 비율에 맞춰 넣어 마무리.

양념공식
요리비결

고추장 양념으로 생채를 만들 때는 먼저 주재료를 손질하여 1퍼센트의 소금에 절여 물기를 제거하고 무칠 수 있도록 준비한 뒤 고추장 양념장을 만든다. 초고추장을 이용한 생채용 양념장은 구이·볶음용 고추장양념과는 달리 간장을 넣지 않고 식초와 설탕을 넣는다. 또한 고추장을 넣지 않고 식초, 설탕, 소금, 고춧가루만으로 버무리는 경우도 있다.

대량 조리를 할 때는 고추장 양념에 들어가는 고춧가루의 양을 넉넉히 해야 시간이 경과함에 따라 채소에서 나오는 수분을 고춧가루가 흡수하여 물이 덜 생긴다.

초고추장을 이용한 생채 요리는 북어회, 더덕 생채, 씀바귀나물, 홍어회, 오이생채 등 여러 가지가 있다. 특히 우렁이 무침이나 홍어회는 주재료 외에 부재료가 들어감으로써 더 좋은 맛을 낸다.

생체용 양념장에는 소금 대신 간장을 사용해도 좋다. 간장은 재료의 5퍼센트 분량으로 넣는다. 또한 설탕 대신 꿀을 사용해도 좋은데, 설탕 분량의 1/3만 사용한다.

양념공식 19

젓국을 이용한 양념장

젓국 : **1**
찹쌀풀 : **1**
고춧가루 : **0.7**

재료
찹쌀풀(1/2컵), 멸치젓국(1/2컵),
고춧가루(1/3컵), 마늘(1큰술), 다진
파(1큰술), 실고추(1g), 설탕(2작은술),
깨소금(1큰술)

만드는 법
1. 찹쌀가루(2큰술), 물(1/2컵)을 섞어 찹쌀풀(1/2컵)을 쑤어
   식히고,
2. 멸치젓국과 고춧가루, 마늘, 다진 파, 깨소금, 설탕, 실고추를
   넣어 마무리.

 양념공식 요리비결

시금치, 쑥갓 등 푸른 잎채소를 무칠 때 젓국을 이용한 양념장으로 무치면 맛이 색다르다. 먹을거리가 부족하던 시절에는 겨울철 채소 섭취량이 부족하여 잎채소로 풀국을 쑤어 젓국으로 양념해 생김치를 먹곤 했다. 젓국 양념장에는 찹쌀풀이나 밀가루풀이 들어가 생채소의 풋내가 제거되고 입안에 감도는 맛이 부드럽다. 시금치나 쑥갓을 다듬어 씻고 물기를 빼서 대파, 양파는 어슷하게 썰어 준비하여 풀국을 쑤어 젓국양념장으로 버무려 생김치를 만든다.

풀이 들어갔기 때문에 온도가 높아지면 빨리 익으므로 조금씩 즉석 김치로 만들어 먹거나 1~2일 정도 두고 먹으면 좋다. 또한 찹쌀풀을 빼고 젓국(1), 고춧가루(1/2)의 비율로 섞고 참기름 등으로 양념하여 부추무침 등을 하면 맛이 색다르다.

양념공식 20

쉽게 익는 재료의 양념장

간장 : 1
설탕 : 0.3
물 : 1~3

만드는 법
재료를 비율에 맞춰 넣어 마무리.

양념공식 요리비결

달걀, 메추리알, 두부, 감자, 깻잎 등은 오랜 시간 조리지 않아도 쉽게 익는다. 이러한 재료는 간장과 물을 비율대로 섞고 설탕은 적절하게 넣되 파, 마늘, 양파 등을 큼직하게 썰어 먼저 손질한 주재료에 넣어 조리면 색과 맛이 뛰어나다. 간장에 대한 설탕의 분량은 밥반찬의 경우 단맛을 적게 넣는 것이 좋다. 또한 물은 간장 분량의 1배에서 3배까지 조절할 수 있다. 재료에 따라 차이가 있지만 불 조절을 잘 하지 못하는 초보자의 경우 물의 양을 1배 보다는 3배 정도로 계량하는 것이 좋다. 두부조림의 경우 두부를 부치고 양념간장을 만들어 간장과 같은 양의 물을 넣어 조리면 된다.
재료에 비해 냄비 크기가 너무 클 경우 양념이 재료에 스며들기도 전에 냄비 바닥에서 타 버리므로 재료가 바닥에 가득 찰 정도의 냄비를 사용하며 양념 국물에 재료가 잠기도록 한다.

밀가루즙

밀가루 : **0.7**
돼지감자가루 : **0.3**
물 : **1**

재료
밀가루(0.7컵), 돼지감자가루(0.3컵),
마늘(1작은술), 참기름(1큰술),
고운 참깨(2큰술), 물(1컵)

만드는 법
기본 양념재료를 비율에 맞춰 넣은 후 나머지 재료를 섞고 마무리.

양념공식
요리비결

밀가루 반죽을 만들 때 분량이 너무 많거나 반죽 농도가 맞지 않으면 난감하다. 먼저 가루와 같은 양의 물을 넣는 것을 기억하자. 부침가루에 물만 넣어도 좋지만 부침가루가 없을 경우 밀가루즙에 마늘, 소금, 참기름, 깨소금을 넣고 반죽하면 부침가루의 효과가 난다. 밀가루에 돼지감자가루를 30퍼센트 정도 섞어서 요리하면 식감이 쫄깃하다. 돼지감자는 당뇨에 효과가 좋다고 알려져 있으며 이눌린 성분이 포함된 건강식이다. 반죽에 섞어 칼국수나 전을 만들면 식감이 쫄깃할 뿐 아니라 영양에도 매우 좋다. 주재료인 채소나 해물을 깨끗하게 씻어 물기를 빼서 체에 받치고 소금, 참기름으로 밑간하여 날밀가루를 고루 섞은 후 양념한 밀가루즙에 버무려 한 수저씩 떠 놓고 전을 부친다. 돼지감자가루가 없을 경우에는 밀가루와 물을 같은 양으로 계량하여 사용한다.

묵 쑤기

도토리묵가루 : 1
물 : 4~6

재료
도토리묵가루(1컵), 소금(1/2작은술),
식용유(1/2작은술)

양념장
간장(2큰술), 설탕(1/2작은술),
참기름(2작은술), 깨소금(1큰술),
파(1큰술), 마늘(1/2작은술),
고춧가루(1작은술), 후춧가루(약간)

만드는 법
1. 도토리묵가루(1컵)에 물(2컵)을 풀어 섞고 30분 후 고운체에
   걸러 놓고,
2. 냄비에 물(4컵)을 넣고 끓기 시작하면 도토리묵물을 넣고
   나무주걱으로 타지 않도록 저어 묵이 되직하게 엉기도록 만들고,
3. 묵이 투명해지면 불을 약하게 하여 뜸을 들인 후 소금과
   식용유를 넣고 잘 저어 불을 끄고,
4. 네모진 그릇의 내부에 물을 약간 바르고 묵을 부어 굳히고,
5. 4cm×2cm×1cm로 썰어 담고 양념장을 만들어 곁들여 마무리.

양념공식
요리비결

묵 전분은 마른 재료이기 때문에 물에 풀어 바로 묵을 쑤기 보다는 충분히 물에 불렸다가 쑤는 것이 완성 후 덜 부서지며 쫄깃하다.
묵은 묵가루(1), 물(4~6)의 비율이다. 국산 재료일 경우는 물을 가루의 6배로 넣어도 묵이 완성된 후 쫄깃하나, 수입 재료인 경우 물 분량을 가루의 4배 정도로 줄여서 계량한다.
묵을 쑬 때 전분이 엉겼다고 바로 불을 끄는 것보다는 약한 불에서 30분 정도 오래 저어줄수록 수분이 줄어들어 탄력이 생기고 쫄깃하다. 묵을 가열하다가 주걱을 위로 들어 묵이 뚝뚝 떨어지는 정도의 농도면 다 쑤어진 것이다. 묵을 적당한 크기로 썰어 말려서 볶음을 하여도 별미다.

4

양념공식으로 만드는
샐러드 소스

샐러드는 우리나라의 초회(겨자채)요리와 비슷한 서양 요리지만

이제 우리 식탁에서는 빼놓을 수 없는 일상식이 되었다.

한국식 소스 하면 간장에 갖은 양념을 한 양념간장으로 상추 위에 뿌려 먹거나

쌈장에 오이, 당근, 풋고추 등을 찍어 먹는 정도다.

다양한 계절 재료를 이용하여 소스의 신맛과 고소한 맛이 잘 어울리며

영양적으로도 궁합이 맞는 소스를 만들어보자.

양념공식
23

간장소스

간장 : 1
설탕 : 0.5
물 : 4

재료

양파(30g), 대파(10g), 셀러리(20g),
생강(5g), 마른 고추(10g), 간장(1컵),
설탕(1/2컵), 식초(5큰술), 청주(3큰술),
통후추(10알)

만드는 법

1. 양파, 대파, 셀러리, 생강, 마른 고추를 다듬어 2~3등분하고,
2. 냄비에 물(4컵), 간장, 설탕을 넣고 설탕이 녹을 때까지 끓이고,
3. 끓인 간장물에 손질한 채소와 통후추를 넣고 센 불에서
   끓이다가 끓기 시작하면 중간 불로 낮추어 채소의 색이 누렇게
   변할 때까지 10~20분 은근히 끓이고,
4. 채소는 체에 밭쳐 건지고 국물은 식힌 다음 식초와 청주를 넣고
   간을 맞춰 마무리.

 양념공식
요리비결

간장소스는 생채소스로 주로 사용되지만 초간장이나
각종 양념을 넣어 양념간장으로 이용해도 좋다. 육류
요리에 간장소스를 이용할 때는 부추, 양파 등을 곁들
여 버무려도 좋다. 또 간장소스에 발효겨자를 넣고 부추 생채를 버무려

도 좋다. 물 비율은 3~5배로 취향에 맞게 조절한다.
설탕 대신 꿀을 넣을 때는 설탕의 1/3 정도 넣으면 좋으며, 비린내가 나
는 재료를 이용한 요리일 경우 청주를 넣기도 한다.

겨자소스

육수(닭뼈, 소뼈) : **1**
마요네즈 : **1**

발효겨자 : **0.2**
식초 : **0.2**
설탕 : **0.2**
소금 : **0.1**

재료
닭뼈(100g), 소잡뼈(100g),
마요네즈(1/2컵), 발효겨자(1.5큰술),
식초(1.5큰술), 설탕(1.5큰술), 소금(1큰술)

만드는 법
1. 뼈는 찬물에 20~30분 담가 핏물을 빼고,
2. 냄비에 핏물을 뺀 뼈와 물(3컵)을 넣고 끓이면서 뽀얗게 조리고,
3. 체에 걸러 육수를 준비하고,
4. 육수(1/2컵), 마요네즈(1/2컵), 발효겨자(1.5큰술)를 고루 섞고,
5. 소금, 설탕, 식초를 넣어 마무리.

양념공식
요리비결

뼈육수와 마요네즈를 섞은 소스 1컵에 대하여 양념을 혼합한 비율은 1/10 정도로 계량한다. 뼈육수를 끓일 때 파, 마늘 등 향미 채소를 넣으면 더 맛이 좋다. 닭뼈와 소뼈를 30분 이상 오래 끓이면 뼈 속의 콜라겐이 젤라틴화해 국물이 식으면 묵처럼 된다. 여기에 마요네즈, 겨자, 식초, 소금, 설탕으로 간을 하여 겨자소스를 만든다. 겨자소스는 냉장 보관하면 묵처럼 굳어지나 실온에 꺼내 휘저으면 걸쭉해진다. 오래 보관이 가능하기 때문에 만들어 두었다가 필요할 때 사용한다. 겨자의 매운맛이 육류, 해물 등의 누린내와 비린내를 제거한다. 겨자소스의 농도를 되직하게 하면 해물냉채는 물론 닭냉채소스로 이용할 수 있다.

된장소스

된장 : **0.5**
향신 채소 갈아 만든 물 : **3**

재료
양파(50g), 대파(30g), 마늘(3쪽),
으깬 두부(1/2컵), 된장(1/2컵), 유자
건지(3큰술), 설탕(1큰술)

만드는 법
1. 양파와 대파는 큼직하게 썰고,
2. 양파, 대파, 마늘, 두부, 유자 건지를 믹서에 넣고 물(2컵)을 넣어
   곱게 갈고,
3. 냄비에 곱게 간 재료와 된장을 섞어 체에 거르고,
4. 설탕을 넣고 센 불에서 끓어오르면 약한 불에서 5~10분
   저어가며 조리고 식혀 마무리.

양념공식
요리비결

샐러드소스이므로 심심한 맛을 내기 위해 향신 채소를 갈아 만든 물(6)과 된장(1)의 비율로 만든다. 두부를 넣어 농도를 조절하고 고소한 맛을 내며, 짠맛을

감소시키는 효과가 있다. 특히 유자를 넣으면 특유의 된장 냄새를 제거할 수 있다. 끓일 때에는 나무주걱으로 계속 저어야 바닥이 타지 않는다.

 **양파소스**

양파즙 : **10**
식초 : **1**
설탕 : **1**
소금 : **0.3**

재료
양파(200g), 레몬(1/4개), 소금(1작은술),
설탕(1큰술), 식초(1큰술)

만드는 법
1. 양파는 잘게 채 썰어 물에 10분 동안 담갔다가 건지고 레몬은
   껍질과 씨를 제거하고,
2. 손질한 양파와 레몬에 물(1/4컵)을 넣어 믹서에 곱게 갈고,
3. 소금, 설탕, 식초를 넣어 간을 맞춰 마무리.

양념공식
요리비결

양파소스는 초봄이나 여름철에 상큼한 맛을 내는 소스로 개인의 기호에 따라 당근이나 셀러리, 파슬리를 다져넣기도 한다. 양파소스는 시간이 지나면 쓴맛이 나기 때문에 요리할 때 바로 만드는 것이 좋다. 양파는 매운맛이 충분히 빠지도록 물에 담갔다가 사용한다. 양파를 믹서에 갈 때 물을 너무 많이 넣으면 빨리 삭기 때문에 물을 조금만 넣어 덩어리지지 않도록 곱게 갈고 식초, 설탕, 소금 등으로 간한다.

양념공식 27 마늘겨자소스

발효겨자 : **1**   식초 : **3**
다진 마늘 : **0.5**   소금 : **1**
설탕 : **3**

재료
발효겨자(1큰술), 다진 마늘(1/2큰술),
설탕(3큰술), 식초(3큰술), 소금(1큰술)

만드는 법
재료를 비율에 맞춰 넣어 마무리.

양념공식
요리비결

마늘겨자소스는 해파리냉채 등 누린내나 비린내가 많이 나는 재료를 사용하는 요리에 쓰는 것이 좋다. 갈아놓은 마늘을 이용하는 것보다는 통마늘을 이용

해 곱게 채 썰거나 다져 넣으면 씹히는 맛이 나면서 냉채의 맛이 더 좋아진다. 해파리 100g당 마늘겨자소스 1큰술을 넣어주면 맛있는 해파리냉채가 된다.

고추기름 냉채소스

고추기름 : 1
맛간장 : 1

재료
고추기름(2큰술), 맛간장(2큰술),
식초(1큰술), 설탕(1작은술), 다진
마늘(1작은술), 참기름(1작은술),
후춧가루(약간)

만드는 법
기본 양념재료를 비율에 맞춰 넣은 후 나머지 재료를 넣고 마무리.

양념공식
요리비결

비릿한 냄새가 나기는 하지만 영양이 높은 소 내장
(간, 허파 등)을 삶아 편육으로 썰면 표면이 마르면서
색이 검게 변한다. 여기에 각종 채소를 섞어 고추기름
냉채소스를 사용하면 재료가 마르지 않으면서 맛이 좋다. 또 우설, 허
파, 양 등도 같은 방법으로 버무리면 별미다.

양념공식 29

참깨소스

참깨 : 1
물 : 2

재료
볶은 참깨(1/2컵), 물(1컵)
소금(1/2작은술), 설탕(1큰술), 식초(1큰술)

만드는 법
1. 볶은 참깨와 물을 넣어 곱게 갈아 고운체에 밭치고,
2. 소금, 설탕, 식초를 넣어 고루 섞고 마무리.

 양념공식 요리비결

참깨를 믹서에 곱게 갈아 소금으로 살짝 간하여도 좋다. 무침용 소스로 이용할 때는 물의 분량을 다소 줄여 되직하게 믹서에 갈아 사용한다. 특히 닭육수를 끓여 차게 식혀 깻국을 섞어 넣고 국물을 만든 후 닭고기 살을 곁들이면 초계탕, 깻국탕이 된다.

 **땅콩소스**

땅콩 : 1
물 : 2

재료
땅콩(1/2컵), 불린 쌀(1큰술),
참기름(1/4작은술), 소금(1/2작은술)

만드는 법
1. 땅콩은 속껍질을 비벼 벗겨서 믹서에 물(1컵)을 넣어 갈고,
2. 불린 쌀(1큰술)과 물(1큰술)을 믹서에 넣고 갈아 고운체에
   거르고,
3. 냄비에 땅콩물을 넣고 중간 불에서 끓이다가 쌀물을 넣어
   나무주걱으로 저으면서 끓이고 참기름, 소금으로 간해서 마무리.

양념공식
요리비결

땅콩소스는 시간이 지날수록 되직해지기 때문에 견
과류소스를 만들 때보다 쌀의 양을 줄인다. 만든 후

가능한 빠른 시간 내에 사용하는 것이 좋다. 땅콩 대신 아몬드를 갈아
사용하여도 구수한 맛이 좋다.

양념공식 31 호두즙소스

깐 호두살 : 1

물 : 1

재료
깐 호두살(1/2컵), 참기름(1/4작은술),
소금(1/3작은술)

만드는 법
1. 깐 호두살은 가볍게 씻어 믹서에 물(1/2컵)을 넣어 곱게 갈고,
2. 참기름, 소금으로 간하여 마무리.

양념공식
요리비결

땅콩이나 잣, 호두는 입자가 보이도록 갈아서 요리하면 씹는 맛이 있으며 고소하다. 국산 호두는 속껍질이 두꺼워 그대로 씻어 사용하면 떫은 맛이 난다. 따라서 따뜻한 물에 불려 속껍질을 벗겨 사용해야 한다. 그러나 수입 호두는 속껍질이 얇아 가볍게 씻어 그대로 갈아 사용해도 좋다.

잣즙소스

잣: 1
물: 1

재료
잣(1/2컵), 참기름(1/4작은술),
소금(1/2작은술)

만드는 법
1. 잣은 고깔을 떼고 젖은 키친타월로 닦은 후 물(1/2컵)을 넣고 믹서에 곱게 갈고,
2. 참기름, 소금으로 간해서 마무리.

양념공식
요리비결

소스에 미리 소금으로 간하면 삭아 버리기 때문에 먹기 직전에 간하는 것이 좋다. 잣은 떡이나 화채, 갖가지 음식의 고명으로 이용한다. 귀한 손님을 초대했을 때 잣즙으로 소스를 만들어 해물이나 채소에 버무리면 고급스러운 요리가 된다.

5

김치를 위한
양념공식

김치를 담글 때마다 매번 같은 걱정을 하게 된다. '배추는 짜지 않게 절여졌을까?,
'무채와 절임배추의 분량은 적당한가?, '마늘과 고춧가루는 얼마나 넣어야 할까?,
'미나리, 갓과 같은 채소는 얼마나 사야 할까? 김치를 담글 때 김칫소가 부족하여
마지막에는 대충 고춧가루를 넣어 버무린 기억은 누구나 가지고 있을 것이다.
이런 일은 우리나라 어느 가정에서나 흔히 일어나는 일이다.
김치를 맛있게 담그기 위해서는 재료 준비, 절이기, 양념하기,
보관하기의 요령이 잘 맞아야 한다.
양념공식에 따른 비율을 제대로 살려 밥 한 그릇 거뜬히 비울 수 있는
맛있는 김치를 만들어보자.

김칫소

〈절임배추 무게 기준〉

고춧가루: **3~5%**
향신 양념: **5%**
젓갈: **5%**
해산물: **5%**
무: **10~20%**
푸른색 채소: **10~15%**
육수: **30%**

배추의 양에 따라 소금의 양이 달라진다. 배추는 손질한 배추 무게의 20%의 소금분량을 계량하고 그 중 15%는 물을 섞어 소금물을 만들고 (예: 물 10컵+소금 1.5컵) 나머지 0.5컵은 배추 줄기에 뿌려 반나절 절인다. 배추 2포기 (6kg)을 절이면 원래보다 60~70% 정도의 무게(4.2kg)로 줄어든다. 절임배추의 무게에 따라 김칫소 재료의 무게가 달라지니 위의 양념공식을 참조하자.

육수는 절임배추 무게의 10퍼센트를 준비한다. 황태육수, 멸치육수, 곰탕육수, 소고기육수, 사골육수 등 개인 취향에 따라 다양한 육수를 선택하여 사용한다. 육수를 이용하여 풀을 쑤는데 쌀가루 부피의 3배수, 무게의 10배수로 준비한다. 일반적으로 소량으로 할 때는 부피비, 대량으로 할 때는 무게비로 하는 것이 좋다. 이렇게 하면 풀을 쑤었을 때 다소 되직하나 여기에 양파, 배, 대하 등의 해산물과 액젓을 넣고 믹서에넣고 갈아섞으면 농도가 적절해 진다. 쌀가루 대신 육수에 잡곡밥을 넣고 쑤어도 좋다.

김칫소 재료는 다음을 참고하여 준비한다.

재료	세부 내용
향신 양념(5%)	마늘 2%, 생강 0.7%, 양파 2.3%로 구성한다.
젓갈	멸치액젓, 까나리액젓, 갈치젓, 황석어젓 등을 사용한다.
해산물	대하, 생새우, 낙지, 오징어 등을 사용한다.
단맛	절임배추의 무게의 0.5~0.7% 분량이다. 배, 설탕, 매실액 등을 사용한다.
소금	간이 부족하면 소금으로 간한다.
푸른색 채소	미나리, 쪽파, 갓, 대파 등을 사용한다.
풀	육수(1), 쌀가루(0.3)의 비율로 만든다.

간장맛장아찌

간장 : 1
물 : 2
설탕 : 0.3∼0.5

재료
오이(백다다기, 2개), 무(300g),
파프리카(1개)
간장물
간장(1컵), 물(2컵), 설탕(1/3컵),
마늘(10g), 마른 고추(2개)

만드는 법
1. 오이, 무, 파프리카는 다듬어 씻어 한입 크기로 썰고,
2. 간장물 재료를 섞어 끓이고,
3. 손질한 채소에 뜨거운 간장물을 체에 밭쳐 붓고 뚜껑을 덮고,
4. 식으면 용기에 넣고 냉장고에 보관하여 마무리.

양념공식
요리비결

간장물을 끓일 때 마늘, 파, 생강, 양파, 마른 고추 등을 크게 2~3등분하여 함께 끓이면 국물 맛에 재료의 매콤함과 달콤함이 어우러져 좋다. 마른 고추를 넣으면 붉은 물이 간장에 우러나와 검붉은 색이 되며 맛이 좋다.
채소를 넣고 간장물을 끓이다 채소가 다 우러나면 체에 걸러 채소는 버린다. 손질한 오이 등 채소에 뜨거운 간장물을 넣고 하루 동안 실온에

둔다. 이후 용기에 담아 냉장고에 넣고 꺼내 먹으면 간이 맞으면서도 채소 씹는 맛이 아삭하다.
간장(1), 물(2)의 비율이기 때문에 너무 짜지 않을까 걱정되지만, 오이 속에 있는 수분이 빠져나오기 때문에 간이 적당하다. 하루 동안 충분히 식혀 냉장 보관해야 변질되지 않는다.

오이지

소금 : 1
물 : 10~12

재료 오이(2kg, 작은 것 20개)

절이는 물
소금(1컵), 물(12컵), 양파(1개),
건고추(3개)

만드는 법
1. 오이는 씻어 물기를 빼고 냄비에 절이는 물 재료를 넣어 끓이고,
2. 절이는 물이 뜨거울 때 오이에 붓고,
3. 2~3일후 오이 절인 물을 따라내어 끓인 후 식혀 오이에 붓고 무거운 돌로 눌러 마무리.

양념공식
요리비결

최근 끓이지 않고 간편하게 오이지를 만드는 방법이 소개되고 있지만 그래도 전통 방법으로 만든 오이지의 맛은 어느 것과도 비교할 수 없는 절대적인 맛이다. 오이지는 백다기로 담그는 것이 좋으며 소금물은 끓여서 뜨거울 때 오이에 붓되, 반드시 식혀서 냉장고에 보관한다.

소금물은 오이가 잠길 정도면 되지만 보통 재료 무게의 1.5~2배의 소금물이 필요하다. 공기 중에 오이가 노출되면 물러질 염려가 있으므로, 물 위에 뜨지 않도록 무거운 것으로 눌러놓아 오이가 물에 잠기도록 한

다. 소금의 양은 계절에 따라 달라지는데, 특히 여름에는 기온이 높아 소금(1), 물(10)의 비율로 짜게 해야 변질되지 않는다. 소금물에 담가 2~3일 지나 다시 국물만 끓여 식혀 부으면 오이지를 오래 보관할 수 있다. 이때는 맛이 짜기 때문에 물에 담가 짠기를 뺀 후 양념하여 먹는 것이 좋다.

반면 날씨가 선선한 이른 봄이나 늦가을에는 물을 13배 정도 넣어도 무방하며 먹을 때에는 가볍게 씻어 갖은 양념한다. 짜지 않게 담은 오이지는 냉장 보관하는 것이 좋다.

양념공식 요리팁

한식을 맛깔스럽게 만들기 위해서는 되도록 천연 양념을 사용하고 재료를 고르게 썰어야 한다. 자극적인 맛을 피하고 소금, 간장, 설탕 외에도 된장, 물엿, 맛술, 꿀 등 다양한 양념을 적절하게 활용한다. 다음 내용을 참고하여 요리 수준을 높여보자.

달걀지단 만들기

비결은 팬의 온도와 기름을 적당히 유지하는 것이다. 팬이 너무 뜨거울 경우 물 묻은 키친타월로 닦아내거나, 불에서 팬을 내려 두세 번 부채질하듯이 팬을 식혀주는 것도 요령이다. 또한 언제나 노른자, 흰자의 순으로 지단을 부쳐야 잘 부쳐진다. 흰 지단을 만들 때 녹말이나 기름을 약간 넣으면 잘 부쳐진다. 기름이 많거나 팬을 너무 뜨겁게 달구면 지단이 깨끗하지 못하다. 어느 정도 익은 지단을 팬에서 들어내다가 겹쳐졌을 경우에는 뜨거울 때 억지로 떼려하지 말고 식을 때까지 그대로 두고, 다 식은 후에 떼어서 용도에 맞게 썰어 사용한다.

맛있는 당면 삶기

맛있는 잡채를 만들기 위해서는 당면 삶기가 매우 중요하다. 삶은 당면은 냉수에 바로 헹궈 온도를 낮춰야 표면의 끈적거림이 없어지고 매끈해지며 전분의 조직이 팽팽해진다. 당면을 찬물에 헹구지 않으면 당면에서 나온 전분이 풀어져서 한 덩어리로 엉켜버린다.

고명 올리기

고명은 음식의 모양과 색을 아름답게 하기 위해 요리의 마무리 단계에서 음식 위에 뿌리거나 더한다. 오행설에 따라 보통 다섯 가지 색을 사용하는데, 흰색(흰 지단), 노란색(노란 지단), 붉은색(실고추, 붉은 고추), 검정색(석이버섯), 녹색(미나리, 오이, 호박) 등이 있다.

3장

양념공식으로
완성하는
스피드 요리

직장에서 정신없이 바쁜 와중에도 퇴근시간이 가까워지면 '오늘은 또 무얼 해
서 먹을까' 하는 고민에 빠지게 된다. 이럴 때 쉽게 구할 수 있는 재료로 밑반찬
을 몇 가지 준비해 두면 식탁을 차리는 데 든든한 구원병이 될 수 있을 것이다.
양념공식으로 만들어 놓은 양념장과 소스를 십분 이용하자. 요리 시간도 훨씬
짧아질 뿐만 아니라 맛내기에도 크게 걱정이 없다. 이제 퇴근길 발걸음이 한결
가벼워지리라 확신한다.

1

양념장으로 손쉽게 만드는 밑반찬과 나물

이제 양념공식을 충분히 익혔으면 양념공식을 이용한 요리를 만들어보자.

양념의 기본 비율을 맞추고 나머지 양념을 넣어 요리하면 손쉽게 뚝딱 완성!

싱싱한 나물을 바로 무친 생채, 살짝 데쳐 무친 숙채, 구수하고 부드러운 볶음나물 등

맛있고 몸에 좋은 나물반찬과 사계절 내내 두고 먹기 좋은 맛깔스러운 밑반찬을 소개한다.

활용도 만점! 아삭하고 쫄깃한

우엉조림

익숙해 더 그립고 생각나는 밑반찬들이 있죠. 어린 시절 냉장고에 꼭 들어있던 우엉조림.
꼬들꼬들 달고 짭조름한 맛이 중독성 있어요. 그냥 반찬으로 먹어도 좋고, 김밥이나 유부초밥에 넣어먹어도 100점.
만능 활용 가능한 우엉조림 만들어 든든하게 저장해둬요.

재료	우엉(300g)
우엉삶는물	물(3컵), 식초(1작은술)
조림장	간장(3큰술), 흑설탕(3큰술), 물(2컵), 양파(30g), 생강(1/2톨), 마늘(3쪽), 마른고추(1개), 쌀조청(3큰술)
양념	참기름(1/2작은술), 깨소금(1작은술)

1   우엉은 껍질을 벗겨 물에 담가 0.2cm 두께로 어슷 썰고,

2   식촛물(물 3컵 + 식초 1작은술)에 어슷 썬 우엉을 10분간 삶아 건지고,

3   냄비에 흑설탕과 간장을 넣고 잠시 두었다가 조청을 제외한 나머지 양념을 넣고 삶은 우엉을 넣어 끓이고,

4   센 불에서 5분간 끓이다가 중간 불로 줄여 조청을 넣어 뒤적이면서 국물이 없어질 때까지 5분간 더 졸이고,

5   다 졸여지면 야채를 건져내고 참기름 깨소금을 넣고 마무리.

양념공식 요리비결

우엉조림을 할때 1차 손질한 우엉을 충분히 삶아 조림장에 조리면 쫄 깃한 맛이 나며 가볍게 삶아 조리면 아삭한 식감이 난다. 색이 잘 나도록 하기 위해 간장에 흑설탕을 섞어 졸이다가 어느정도 맛이 베어 들면 쌀조청을 넣어 국물이 없어 질때 까지 조리면 좋다.

우엉은 연근과 함께 조림으로 많이 이용되며, 특히 요리하는 데 시간이 많이 걸리기 때문에 시간 날 때 밑반찬으로 만들어놓으면 좋다. 또한 우엉으로 볶음 요리를 할 수 있다. 우엉을 얇게 채 썰어 식촛물에 충분히 삶은 후 건져내고, 열이 오른 팬에 식용유를 두르고 볶다가 맛간장으로 재빨리 볶아낸다.

콩조림

영양만점 콩으로 달콤 고소하면서도 오독오독한 콩조림을 만들어봐요.
어린 시절의 추억이 떠오르는 익숙한 추억의 맛.
밥반찬과 술안주까지 다양하게 활용할 수 있는 만능 요리에요.

재료	불린 콩(1컵)
조림장	파(10g), 마늘(4쪽), 생강(1톨), 양파(20g), 마른 고추(1개), 설탕(2큰술), 간장(3큰술), 콩물(1컵)

1. 콩을 깨끗이 씻어 좋지 않은 것을 골라내고,
2. 찬물에 5~6시간 담가 충분히 불린 후 체로 건지고 남은 물은 따로 받아 놓고,
3. 콩을 냄비에 넣고 받아둔 콩물을 포함해 콩의 2배의 물을 부어 센 불에서 끓이고,
4. 끓어오르면 중간 불로 낮춰 1~2분 잠시 끓인 후 건지고,
5. 조림장 재료를 모두 넣고 콩을 넣은 후 센 불에서 끓이고,
6. 끓어오르면 중간 불로 낮춰 조리고,
7. 국물이 거의 다 졸아들면 건더기를 건져내고 콩을 그릇에 담아 마무리.

양념공식 요리비결

콩은 자칫 잘못 조리하면 딱딱해져 먹기가 어렵다. 콩을 부드럽게 조리하려면 마른 콩의 3배수의 물을 넣고 5~6시간(여름엔 3~4시간, 겨울엔 8~12시간) 불려서, 뚜껑을 열고 1차 삶은 뒤에 양념을 하고 조려야 좋다. 1차로 삶을 때 뚜껑을 열고 끓여야 콩이 설컹설컹하지 않으며 너무 오래 끓이면 메주 냄새가 나기 때문에 끓기 시작한 후 잠시 동안만 익혀야 한다. 또한 조림장을 만들 때 삶아낸 콩물을 이용하면 영양적으로 좋을 뿐 아니라 조려낸 후 색감이 예쁘다. 조림용 콩으로는 청태, 검정콩, 흰콩, 땅콩 등 어느 것이든 무방하다.

냉장고 속 귀한 밥도둑

장조림

어린 시절 냉장고를 열고 반찬그릇을 한참 헤치면 도톰한 소고기 장조림이 있었지요.
짭조름하고 고소한 고기를 결대로 쭉쭉 찢어 흰 밥에 올려 먹으면 그 보다 행복할 수 없었어요.
어머니 손맛만은 못하겠지만, 정성 가득한 마음을 떠올리며 추억의 반찬을 만들어요.

재료   소고기(사태 300g), 풋고추(50g),
메추리알(5개),

조림장   간장(3큰술), 설탕(2큰술), 생강(1톨),
마늘(3쪽), 양파(30g), 마른 고추(3개),
파(1/2대), 고추(3개)

소고기 애벌 삶는 재료   대파(1대), 마늘(1쪽),
생강(1/3쪽), 물(2컵)

1 소고기는 기름기를 제거해 물에 담가 핏물을 빼고 6~7cm 통으로 썰고,

2 냄비에 소고기를 넣고 고기가 잠길 만큼 물(2컵)을 넣고, 대파, 마늘, 생강을
넣어 끓이고,

3 소고기를 찔러서 피가 나지 않을 때까지 10여분 삶고,

4 고기를 건져내고 육수는 체에 밭쳐 고기와 따로 두고,

5 메추리알은 삶아 껍질을 벗기고 풋고추는 꼭지를 따고,

6 냄비에 고기를 넣고 육수(1.5컵)과 조림장 재료와 양념을 통으로 넣고
센 불에서 끓이다가 약한 불로 줄여 끓이고,

7 국물이 자작하게 줄어들면 고기를 건져 결대로 찢거나 결 반대로 편 썰어
국물을 곁들여 마무리.

양념공식 요리비결

장조림 양념은 간장, 설탕, 육수(물)의 비율을 1 : 0.7 : 6 정도로 맞춘
다. 소고기 사태의 콜라겐이 젤라틴화되려면 오래 가열해야하므로 물
을 충분히 넣는다.
고기를 끓일 때 파 잎이나 양파를 넣으면 고기의 누린내가 제거된다. 고

기가 완전히 익어 물러진 상태에서 간장 양념을 해 조려야만 질기지 않
은 장조림을 맛볼 수 있다.

단짠 쫄깃 식탁의 별미

오징어채볶음

아이 도시락부터 가족끼리 먹는 저녁식사까지 사랑받는 국민 밑반찬, 오징어채볶음!
만들어 놓고 식사 때마다 꺼내 드세요.
딱딱하지 않고 부드러워 온 가족이 맛있게 먹을 수 있어요.

재료 오징어채(100g), 흑임자(1/2작은술)
양념 고추기름(2큰술), 물엿(1큰술),
맛간장(1큰술), 참기름(1/4작은술)
(맛간장 공식은 47쪽에 있어요.)

1 열이 오른 팬에 고추기름을 충분히 두르고 오징어채를 넣은 후 중간
  불에서 은근하게 볶고,
2 오징어채가 꼬불하게 잘 익었으면 불을 끄고 물엿을 먼저 버무리고,
3 맛간장을 재빨리 섞어 참기름, 흑임자를 뿌려서 그릇에 담아내 마무리.

양념공식 요리비결

고추기름이 없다면 식용유를 오징어채에 고루 버무려 볶기도 한다. 너무 센 불에서 볶으면 오징어채가 타기 쉬우므로 약한 불에서 볶아야 한다. 오징어채가 꼬불꼬불해지면 불을 끄고 물엿과 맛간장을 넣어 뒤적인다. 물엿을 넣고 계속 가열하면 오징어채가 딱딱해지므로 반드시 불을 끄고 팬에 남은 열로 조리한다.

칼슘 가득! 영양 만점

멸치볶음

단짠단짠 마법 같은 밑반찬 멸치볶음, 든든한 밥상 지킴이를 만들어봐요.
흔히 볼 수 있는 반찬이지만 영양가 만점! 활용도 만점! 취향에 따라 바삭하게,
촉촉하게 볶아내면 우리집 필수 밥도둑이 될 거예요.

재료 잔멸치(100g)
양념 맛간장(1/2작은술), 물엿(1큰술),
참기름(1/4작은술), 깨소금(1/2작은술)
(맛간장 공식은 47쪽에 있어요.)

1 팬에 식용유를 두르고 티를 골라낸 잔멸치를 넣어 볶아낸 후 불을 끄고,

2 볶은 멸치에 맛간장과 물엿을 넣어 고루 섞이도록 뒤적이고,

3 참기름을 넣고 깨소금을 뿌리고 마무리.

양념공식 요리비결

맛간장을 이용할 때는 이미 간장에 양념이 모두 되어 있어 풍미가 좋은 멸치볶음이 된다. 맛간장이 없으면 간장(1), 설탕(2/3), 물(1), 마늘, 파를 냄비에 넣고 끓여 원래 분량의 절반만큼 졸아들면 볶아놓은 멸치, 물엿을 함께 섞어 버무린다. 멸치에는 간이 배어있기 때문에 설탕을 넉넉히 넣어 주거나 물엿을 함께 넣으면 좋다.

몸에 좋은 견과류로 만든 반찬

호두볶음

견과류가 몸에 좋다는 건 알지만 매번 챙겨먹기 번거롭죠.
떡이나 한과에서 주로 이용하는 호두를 밥반찬으로 만들어 매일매일 드세요.
흑임자와 참기름이 들어가 색과 맛에서 단연 으뜸이죠.

재료   깐 호두살(200g)

양념   맛간장(2큰술), 흑임자(1작은술),
참기름(1/2작은술)

(맛간장 공식은 47쪽에 있어요.)

1   깐 호두살을 가볍게 씻어 체에 밭치고,

2   달궈진 팬에 식용유를 두르고 호두를 볶다가 물(2큰술), 맛간장을 넣어
볶아내고,

3   흑임자와 참기름을 넣고 뒤적뒤적 젓고 그릇에 담아 마무리.

양념공식 요리비결

호두를 씻지 않고 요리하면 호두 가루가 팬에 달라붙어 완성 후에 요리
가 깨끗하게 되지 않는다. 따라서 가볍게 씻어 볶으면 좋다. 국산 호두
는 속껍질이 두꺼워 껍질을 제거하고 사용한다. 호두 속껍질을 벗길 때
따뜻한 물에 10분 정도 담갔다가 꼬치로 껍질을 벗기거나, 식초 한두

방울을 떨어뜨리면 잘 벗겨진다. 수입 호두의 경우는 가볍게 씻어 사용
해도 무방하다. 맛간장이 없을 경우는 간장(1), 설탕(1/2), 물(1)의 비율
로 섞어 끓이다가 양념 국물이 반쯤 졸아들 때 깐 호두를 넣어 재빨리
볶아낸다.

한 장씩 떼어먹는 향긋한 별미

깻잎장아찌

간이 잘 밴 기본 밑반찬만큼 '공인된 밥도둑'이 없죠.
짭조름한 깻잎 한 장 젓가락으로 섬세하게 떼어 잘 익은 고기나 밥에 싸먹으면
향긋한 향기가 입안을 한 번에 잡아줘요.

재료   깻잎(40장), 양파(20g), 중멸치(10g)

양념장   대파(1/2대), 마늘(3쪽), 붉은 고추(2개),
간장(4큰술), 설탕(1작은술), 물(4큰술),
깨소금(2작은술), 참기름(1작은술)

1   깻잎은 흐르는 물에 씻어 물이 빠지도록 채반에 차곡차곡 받쳐 두고,

2   양파는 손질해 채 썰고, 멸치는 손질해 반을 가르고,

3   대파, 마늘은 채 썰고 붉은 고추는 손질해 다지고,

4   대파, 마늘, 고추와 나머지 양념장 재료를 모두 섞고,

5   깻잎을 3~4장씩 포개 완성된 양념장을 끼얹어 열이 오른 찜통에 5~8분
쪄내고 마무리.

양념공식 요리비결

이 외에도 양념간장은 진간장(1)과 맛간장(1/2)을 비율대로 섞고 대파,
양파, 당근, 청홍고추를 채 썰거나 다져 넣고 참기름, 깨소금을 넣어 만
들기도 한다. 맛간장에 설탕과 마늘 등이 들어 있기 때문에 부재료인
파, 양파, 청홍고추 등의 재료만 채 썰거나 다져 넣으면 손쉽게 맛내기
를 할 수 있다.

무숙장아찌

무숙장아찌는 소금에 절여 볶은 무를 맛간장에 무친 나물 요리에요.
한국 정서가 담긴 특유의 감칠맛이 있어 누구의 입맛에나 쏙 맞을 거예요.
미나리와 절인 무의 향긋한 향기와 아삭아삭한 식감, 밥반찬으로도 심심한 죽 반찬으로도 좋아요.

재료	무(300g, 소금 1작은술), 소고기(50g), 미나리(30g)
밑간	간장(1/2작은술), 설탕(1/4작은술), 파(1/2작은술), 마늘(1/4작은술), 깨소금(1/4작은술), 참기름(1/4작은술), 후춧가루(약간)
양념	맛간장(1큰술), 깨소금(1작은술), 참기름(1작은술) (맛간장 공식은 47쪽에 있어요.)

1 무는 껍질을 벗기고 4cm×1cm×0.2cm 크기의 골패형으로 썰고,

2 손질한 무를 소금(1작은술)에 30분간 절여 물기를 꽉 짜고,

3 소고기는 결대로 채 썰어 밑간하고,

4 미나리는 잎과 뿌리를 제거하고 4cm로 썰어 살짝 데치고,

5 팬에 식용유(1큰술)를 두른 뒤 무와 소고기를 각각 볶아 식히고,

6 무는 맛간장으로 무치고 볶은 고기, 미나리와 섞어 깨소금, 참기름을 넣어 무치고 접시에 담아내 마무리.

양념공식 요리비결

가을무는 생것으로 먹어도 맛이 좋다. 무를 절일 때 무게의 1.5퍼센트 소금(100g의 무는 1/2작은술의 소금)을 뿌리며, 무거운 것을 위에 눌러 놓아 물기가 빠진 것을 볶으면 씹는 맛이 아삭아삭하다. 이것을 맛간장으로 무치면 특유의 향으로 맛을 더해준다.

익숙한 오이의 새로운 도전

오이숙장아찌

그동안 오이를 생으로나 무쳐서만 먹어봤다면, 독특하게 '볶은 오이' 요리를 만들어봐요.
재료도 구하기 쉽고 만들기도 쉬워요.
물컹하고 독특한 식감에 깜짝 놀랄 거예요.

재료 오이(200g, 소금 1작은술),
소고기(50g), 실고추(2줄기)

밑간 설탕(1/6작은술), 참깨(1/4작은술),
간장(1/2작은술), 파(1/2작은술),
마늘(1/4작은술), 참기름(1/4작은술),
후춧가루(약간)

양념 깨소금(1/2작은술), 참기름(1/4작은술)

1 오이는 몸통의 가시를 제거하여 씨를 빼고 5cm×0.3cm×0.5cm 크기의
골패 형으로 썰고,

2 손질한 오이에 소금(1작은술)을 넣어 절인 다음 물기를 짜고,

3 고기는 결대로 채 썰어 밑간하고,

4 오이와 고기를 각각 센 불에서 볶은 후 깨소금, 참기름을 넣어 무치고,

5 실고추를 잘게 떼어 고명으로 올리고 마무리.

양념공식 요리비결

오이를 둥글게 썰어 절여서 물기를 제거하여 볶고 고기와 무치면 '오이
뱃두리'라는 전통적인 오이볶음 요리가 된다. 볶음 요리는 센 불에서 단
시간에 볶으며 색이 밝은 것에서 어두운 순으로, 양념하지 않은 것에서
양념한 순으로 볶는 것이 좋다. 단시간에 볶아내면 오이는 색이 파랗게
유지 될 뿐 아니라 입안에서의 식감이 좋다. 또한 소고기도 센 불에서
단시간에 볶으면 고기에 육즙이 남아있어 훨씬 맛있다.

호불호 없는 감칠맛

가지볶음

가지는 식감 때문에 호불호가 많이 갈리는 채소 중에 하나죠. 하지만 이 레시피를 따라 요리한다면
가지가 이렇게 맛있는 음식이었나? 놀라게 될 거예요. 쫄깃한 소고기, 고소한 참기름과 어울리는 특유의 감칠맛.
평소에 가지를 가리던 아이들도 맛있게 한 접시를 뚝딱 비우는 모습을 보실 거예요.

재료	가지(200g, 소금 1작은술), 소고기(50g), 실파(30g), 붉은 고추(1/4개)
밑간	간장(1/2작은술), 설탕(1/4작은술), 파(1/2작은술), 마늘(1/4작은술), 참기름(1/4작은술), 깨소금(1/4작은술), 후춧가루(약간)
양념	참기름(1/4삭은술), 깨소금(1/2작은술)

1 가지는 4cm×1cm×0.2cm 크기의 골패 형으로 썰어 소금(1작은술)에
   살짝 절인 후 물기를 짜고,

2 소고기는 길쭉하고 얇게 채 썰어 밑간하고,

3 실파는 새끼손가락 길이만큼 썰고 붉은 고추도 얇게 채 썰고,

4 팬에 식용유를 두르고 손질한 재료를 각각 볶고,

5 볶은 재료를 모두 섞어 참기름과 깨소금을 넣고 무쳐 마무리.

양념공식 요리비결

가지는 안토시아닌 색소가 다량 함유되어 있어 암 예방에 좋은 식품이
다. 또한, 가지를 0.5cm 정도의 두께로 어슷 썰어 밀가루와 전분을 5:1
정도로 섞어 밀가루 즙을 만들어 튀기듯이 지져 내어 양념장을 곁들여
도 좋다. 가지의 속살은 부드럽고 표면은 바삭하여 입안에서의 느낌이
매우 좋다. 볶을 때 고추기름으로 볶으면 매콤한 맛이 색다르다.

포실포실 독특한 식감

감자채볶음

마트에 가장 쉽고 저렴하게 구입할 수 있는 재료인 감자를 쫑쫑 채 썰어 볶으면 독특한 식감이 나요.
아직 투명할 때 요리를 완성하면 사각사각 감자볶음, 좀 더 노릇노릇 할 때 까지 구우면 촉촉 부들 감자볶음.
취향대로 뚝딱 만들어봐요.

재료 감자(300g, 소금 1작은술), 양파(50g), 풋고추(2개)

양념 파(2작은술), 마늘(1작은술), 참기름(1/2작은술), 깨소금(1작은술)

1 감자는 껍질을 벗겨 손가락 두 마디 정도 길이로 채 썰고,
2 감자를 찬물에 담갔다가 건져 소금에 절여 물기를 꽉 짜고,
3 양파와 풋고추는 손질하여 곱게 채 썰고,
4 감자, 풋고추, 양파를 각각 볶아서 식히고,
5 볶은 재료를 모두 섞어 파, 마늘, 참기름, 깨소금을 넣고 버무려 마무리.

양념공식 요리비결

감자를 채 썰어 그대로 볶으면 전분이 남아 있기 때문에 팬에 달라붙는다. 찬물에 담가 전분을 뺀 후 체에 건져 소금에 살짝 절인 후, 물기를 꽉 짜서 볶으면 팬에 달라붙지 않으며 쫄깃한 맛이 난다.

감자, 호박 등을 얇게 편 썰기 하여 기름을 두르고 지져내어 양념장을 곁들이면 전통적인 맛을 즐길 수 있다.

아삭하고 향긋함이 살아있는

셀러리볶음

독특한 향과 아삭한 질감이 좋은 셀러리볶음,
중국에서는 이미 대표 밥반찬 메뉴로 유명해요.
깨소금을 솔솔 뿌려 간 해 아삭한 숙주, 피망, 죽순과 함께 볶아내면 독특한 식감과 건강을 동시에 챙길 수 있어요.

재료	셀러리(150g, 소금 1/2작은술), 죽순(60g), 숙주(100g), 소고기(50g), 피망(1개)
밑간	간장(1/2작은술), 설탕(1/4작은술), 파(1/2작은술), 마늘(1/4작은술), 참기름(1/4작은술), 깨소금(1/4작은술), 후춧가루(약간)
양념	깨소금(1/2작은술), 마늘(1/2작은술), 파(1작은술), 참기름(1/2작은술), 소금(1/2작은술), 후춧가루(약간)

1 셀러리는 손질해 껍질을 벗기고 기러기 모양으로 어슷 썰어
소금(1/2작은술)에 살짝 절인 후 물기를 꽉 짜고,

2 죽순은 빗살무늬를 살려 셀러리와 같은 크기로 썰고,

3 숙주는 머리와 꼬리를 떼고 살짝 데치고,

4 소고기는 길쭉하고 얇게 채 썰어 밑간하고,

5 피망은 반으로 갈라 씨를 뺀 다음 5cm×0.4cm로 썰고,

6 셀러리, 죽순, 피망, 소고기를 각각 팬에 볶고,

7 볶은 채소가 식으면 숙주를 넣어 섞고,

8 소금, 깨소금, 마늘, 파, 참기름, 후춧가루를 넣어 섞고 마무리.

양념공식 요리비결

셀러리는 보통 샐러드용으로 많이 이용하지만 나물로 볶아 먹어도 별
미다. 식용유를 거의 넣지 않고 아삭하게 볶아야 맛이 좋다. 셀러리 자
체의 향이 강하기 때문에 나물을 무칠 때 향신 양념은 거의 넣지 않아
도 무방하다.

향긋한 부추와 아삭한 콩나물

부추볶음

향긋한 부추와 아삭한 콩나물을 함께 버무리면 말 그대로 환상의 궁합.
콩나물 향을 부추가 잡아주고, 부족한 부추의 식감을 콩나물이 채워줘
고소하고 감칠맛 가득한 밥반찬으로 제격이에요.

재료   중국 부추(100g), 팽이버섯(1/2봉),
콩나물(100g), 마른 표고버섯(10g),
소고기(50g), 붉은 고추(1/2개),
당근(20g)

밑간   소금(1/4작은술), 마늘(1/8작은술),
후춧가루(약간), 참기름(약간)

양념   소금(1작은술), 깨소금(2작은술),
파(2작은술), 마늘(1작은술),
참기름(1작은술), 후춧가루(약간)

1. 부추는 깨끗이 손질하여 4cm로 썰고, 팽이버섯은 밑동을 잘라내어 알알이 떼어 놓고,
2. 콩나물은 깨끗하게 다듬어 찜통에 쪄서 식히고,
3. 마른 표고버섯은 따뜻한 물에 담가 불려서 기둥을 떼어 버리고 채 썰고,
4. 소고기는 결대로 6cm로 채 썰어 밑간하고,
5. 붉은 고추는 씨를 빼고 3cm로 채 썰고, 당근도 4cm로 채 썰고,
6. 팬에 식용유를 두르고 콩나물을 제외한 나머지를 각기 볶아 식히고,
7. 모든 재료를 섞고 소금, 깨소금, 파, 마늘, 참기름, 후춧가루를 넣고 섞어 마무리.

양념공식 요리비결

중국 부추는 호부추라고도 하며 주로 중국요리에 많이 이용한다. 조선 부추보다 줄기가 굵고 질감이 뻣뻣하며 매운맛이 약하다.

두부를 4×0.3×0.3cm로 채 썰어 녹말을 무쳐 기름에 튀겨 내어 부추볶음에 넣어도 별미다.

당면 없이 만드는 색다른
콩나물잡채

언제 먹어도 맛있는 잡채, 하지만 손이 많이 가죠?
콩나물 잡재 레시피라면 간단하게 뚝딱 만들 수 있어요.
당면이 없어 퍼질 염려도 없고 아삭아삭한 식감도 최고. 몸에 좋은 재료만 들어가 건강에도 좋아요.

재료	콩나물(200g), 팽이버섯(50g), 소고기(50g), 마른 표고버섯(2개), 피망(1/2개), 당근(20g)
밑간	소금(1/4작은술), 마늘(1/6작은술), 참기름(1/6작은술), 깨소금(1/4작은술), 후춧가루(약간)
양념	소금(1/2작은술), 깨소금(1작은술), 파(1작은술), 마늘(1/2작은술), 참기름(1/4작은술), 후춧가루(약간)

1 콩나물은 머리와 꼬리를 떼고 깨끗이 다듬어 씻어 찜통에 쪄내고,

2 팽이버섯은 밑동을 잘라내고 알알이 떼어놓고,

3 소고기는 결대로 채 썰어 밑간하고,

4 마른 표고버섯은 따뜻한 물에 불려 기둥을 떼어내 곱게 채 썰고,

5 피망, 당근은 5cm×0.2cm로 얇게 채 썰고,

6 팬에 식용유를 두르고 팽이버섯, 표고버섯, 소고기, 피망, 당근을 각각 볶고,

7 볶은 재료를 콩나물과 섞고 소금을 비롯한 양념을 넣고 섞어 마무리.

양념공식 요리비결

쉽게 구할 수 있는 재료를 최대한 활용하는 것도 요리를 잘할 수 있는 비결이다. 콩나물잡채에 피망 대신 부추나 실파 등을 넣어도 좋다. 식초, 설탕, 겨자를 넣어 콩나물겨자잡채를 만들면 매콤한 맛이 색다르다. 이때 고비나 고사리, 다시마를 불려 채 썰어 넣으면 새로운 맛이 난다.

감칠맛 가득 볶은
생표고버섯나물

향긋한 버섯 향은 그대로 살고 꼬들꼬들한 식감이 추가되어 풍부한 풍미를 느낄 수 있는 생표고버섯나물.
한 그릇 무쳐 먹으면 자연을 가득 담은 건강한 식탁이 시작될 거예요.

재료	생표고버섯(250g), 피망(1/4개), 소고기(50g)
밑간	간장(1/2작은술), 설탕(1/6작은술), 파(1/2작은술), 마늘(1/4작은술), 참기름(1/4작은술), 깨소금(1/4작은술), 후춧가루(약간)
양념	소금(1/2작은술), 참기름(1/2작은술), 깨소금(1/2작은술)

1 생표고버섯은 기둥을 떼어내고 2~4등분 해 끓는 물에 데쳐 내 찬물에
   씻고,

2 피망은 반으로 갈라 씨를 빼고 4cm×0.2cm로 채 썰고,

3 소고기는 기름기를 제거하고 결대로 4cm×0.2cm로 채 썰어 밑간하고,

4 버섯은 물기를 제거하고 뜨거운 팬에 식용유를 두르고 재빨리 볶고,

5 피망과 양념한 고기도 각각 볶아 식혀 놓고,

6 버섯에 소금으로 간하고 손바닥으로 꾹꾹 눌러 속까지 배이도록 무치고,

7 고기, 피망을 섞고 참기름과 깨소금을 넣고 무쳐 마무리.

양념공식 요리비결

버섯나물에 들어가는 소고기채 밑간은 간장 1에 설탕을 1/3로 맞춘다. 일반적으로 하는 소고기 밑간보다 단맛을 적게 넣는 것이 좋다. 버섯은 자체의 향이 강하여 특별히 향신 양념(파, 마늘, 생강 등)을 많이 사용할 필요가 없으며 최소의 양념으로 맛을 낸다.

생표고버섯은 수용성이기 때문에 물에 담그면 영양분이 빠진다. 가능하면 물에 담가 씻기 보다는 흐르는 물에 씻어 건지고, 칼로 써는 것보다 손으로 자르는 것이 좋다. 버섯볶음에 깨즙을 넣어 요리해도 별미다.

향긋한 나물의 대표주자

취나물

봄에는 조물조물 가볍게 무치거나 쌈을 싸먹으며 취나물의 매력에 흠뻑 빠져요.
기을에는 들기름 양념 듬뿍 넣어 볶아주면 독특한 향미가 미각을 자극하지요.

재료 생취(200g), 붉은 고추(1/2개)

양념 조선간장(1/2작은술), 파(2작은술),
마늘(1작은술), 참기름(1작은술),
깨소금(2작은술)

1 어린 생취를 깨끗이 손질하여 끓는 물에 소금을 넣어 파랗게 데치고,

2 삶은 취나물은 물에 담가 쓴맛을 우려내고,

3 붉은 고추는 길게 반으로 갈라 씨를 빼고 3cm 길이로 곱게 채 썰고,

4 팬에 식용유를 두르고 붉은 고추를 볶고,

5 물에 담근 취나물의 물기를 꽉 짜서 조선간장을 비롯한 양념으로 무치고,

6 취나물과 볶은 고추를 섞어 접시에 담고 마무리.

양념공식 요리비결

나물은 조선간장으로 볶아야 깊은 맛이 난다. 취향에 따라 된장으로 무치거나 들깨즙을 이용해도 색다른 맛이 있다. 대개 취나물은 삶아서 그대로 갖은 양념하여 무치는데, 가을의 생취는 억세기 때문에 기름에 볶아서 무쳐야 부드럽다.

삼삼한 맛, 활용도 만점!

애호박나물

계절에 상관없이 쉽게 구할 수 있고 가격도 착해서 가장 사랑받는 재료인 애호박!
싸고 간단하지만 무시할 수 없는 맛이에요. 푸릇푸릇한 색감이 보기만 해도 기분 좋아요.
밥에 비벼먹어도 반찬으로 먹어도 최고예요.

재료   애호박(1개, 소금 1/2작은술), 깐
새우살(50g), 붉은 고추(1/2개),
새우젓(1작은술)

양념   깨소금(1/2작은술), 파(1작은술),
마늘(1/2작은술), 참기름(1작은술),
후춧가루(약간)

1   애호박을 길게 2등분 하고 속을 둥글게 파버리고 0.4cm 두께의
    반달모양으로 썰어 소금(1/2작은술)에 살짝 절이고,

2   깐 새우살은 가볍게 씻고 붉은 고추는 반을 갈라 씨를 빼고
    3cm×0.2cm로 채 썰고,

3   열이 오른 팬에 식용유(1큰술)를 두르고 애호박과 새우젓을 넣어 볶아
    그릇에 담고,

4   홍고추와 새우살을 볶다가 볶은 애호박을 가볍게 섞고,

5   깨소금을 비롯한 양념으로 무쳐 마무리.

양념공식 요리비결

애호박을 얇게 썰어 볶으면 물러지므로 조금 두껍게 써는 것이 좋다. 특
히 애호박과 새우젓은 궁합이 잘 맞으며 함께 볶으면 호박이 덜 물러진

다. 애호박은 '월과'라고도 하며 궁중음식의 하나인 월과채는 호박에 버
섯과 찹쌀부꾸미를 넣은 잡채의 일종이다.

버섯의 화려한 변신

버섯잡채

당면 대신 향기와 식감이 좋은 버섯을 한 데 모아 맛있는 잡채를 만들어봐요.
과도한 양념보다는 버섯 자체의 맛을 살려 조물조물 진한 풍미에 입맛이 당길 거예요.

재료 느타리버섯(200g), 마른 표고버섯(1장),
팽이버섯(50g), 양송이버섯(50g),
소고기(50g), 피망(1개),
붉은 고추(1/4개),

밑간 간장(1/2큰술), 설탕(1/4작은술),
파(1/2작은술), 마늘(1/4작은술),
깨소금(1/4작은술), 참기름(1/4작은술),
후춧가루(약간)

양념 소금(1/2작은술), 파(2작은술),
마늘(1/2작은술), 참기름(1/2작은술),
깨소금(1/2작은술)

1 느타리버섯은 밑동을 잘라내고 가늘게 찢어 끓는 물에 데쳐 물기를 꼭
   짜고,

2 마른 표고버섯은 따뜻한 물에 불려 기둥을 떼고 채 썰고,

3 팽이버섯은 밑동을 잘라내고 알알이 떼어 놓고,

4 양송이버섯은 겉껍질을 벗겨내고 0.2cm 두께로 모양을 살려 썰고,

5 고기는 결대로 채 썰어 밑간하고, 피망, 붉은 고추는 씨를 빼고 4cm 길이로
   채 썰고,

6 손질한 버섯, 피망, 붉은 고추, 고기를 각각 기름에 볶아 식히고,

7 볶은 재료를 모두 섞어 양념하여 마무리.

양념공식 요리비결

씹는 맛이 일품인 버섯은 소고기와 궁합이 잘 맞는 식품이다. 버섯은 식물성이면서 단백질이 많아 고기를 싫어하는 사람에게 적당하다. 버섯은 자체의 향이 좋기 때문에 파, 마늘 등의 양념류를 많이 넣지 않고 요리한다. 지름 2cm 크기의 마른 표고버섯을 구입해 따뜻한 물에 불려 기둥을 떼고 간장양념장에 조려도 훌륭한 밑반찬이 된다.

많이 먹어도 가벼운

청포묵무침

탱글탱글 야들야들 고급스러운 묵요리, 딱 5분으로 뚝딱 만들어봐요.
미나리가 들어가 향기도 좋고, 숙주가 들어가 아삭아삭. 알록달록 색감이 예뻐서 손님상에도 좋아요.

재료   청포묵(1모), 소금(1/4작은술),
참기름(1작은술), 숙주(50g),
미나리(30g), 소고기(50g), 달걀(1개)

밑간   깨소금(1/4작은술), 설탕(1/4작은술),
간장(1/2작은술), 파(1/2작은술),
마늘(1/4작은술), 참기름(1/4작은술),
후춧가루(약간)

양념   깨소금(1작은술), 소금(1/4작은술),
파(2작은술), 마늘(1작은술),
후춧가루(약간), 참기름(1/2작은술)

1   청포묵 1모를 4장으로 잘라 0.3cm로 곱게 채 썰고,

2   손질한 청포묵을 끓는 물에 데쳐 체에 받쳐 소금, 참기름으로 밑간하여
식히고,

3   숙주의 머리와 꼬리를 떼고 끓는 물에 데치고, 미나리도 손질해 5cm로
썰고,

4   소고기는 결대로 5cm로 채 썰어 밑간하여 볶고,

5   달걀은 흰자, 노른자로 나누어 지단을 부친 후 0.1cm×4cm로 채 썰고,

6   청포묵과 숙주, 미나리에 깨소금, 소금, 파, 마늘, 후춧가루, 참기름을 넣고
소고기와 섞어 무치고,

7   그릇에 담아 지단을 고명으로 올리고 마무리.

양념공식 요리비결

소고기를 양념할 때는 간장과 설탕의 비율을 1 : 0.5로 맞추고 나머지 양념을 넣는다. 또한 단단한 묵은 썰어서 끓는 물에 데쳐내고 체에 받쳐서 소금, 참기름으로 밑간하여 식힌다. 데쳐낸 묵을 씻으면 묵에서 물이 나오기 때문에 절대 데쳐낸 후 씻지 않는 것이 요령이다.

2

양념장 하나면 구이, 볶음,
조림, 찜 요리 끝!

한 번 양념장을 만들어두면 구이, 볶음, 조림, 찜 요리 어디에든 활용할 수 있고
요리할 때마다 양념 재료를 늘어놓고 계량하는 수고를 덜 수 있다.
그동안 요리를 어려워했다면 완벽한 양념장 레시피를 따라 만들어 보자.
요리 시간이 더욱 즐겁고 행복해질 것이다.

매콤달콤 입맛 살리는
제육볶음

거부할 수 없는 한국인의 소울 푸드 제육볶음! 남녀노소 누구나 좋아하는 국민 메인반찬이죠.
매콤달콤한 고추장 양념의 돼지고기와 함께라면 더 큰 행복이 따로 있을까요?
점심엔 백반과 함께, 저녁엔 술 한 잔과 함께 간단하게 볶아 만들어봐요.

재료   돼지고기(삼겹살 혹은 목살 200g),
양파(50g), 파(1대), 풋고추(1개),
마늘종(20g)

밑간   설탕(1작은술), 고춧가루(1큰술),
고추장(2큰술), 간장(1/2작은술),
청주(1큰술), 파(1큰술), 마늘(2작은술),
생강(1/2작은술), 물엿(1작은술),
참기름(2작은술), 깨소금(2작은술)

1 돼지고기는 기름기를 제거하고 0.3cm 두께로 너붓하게 썰고,

2 양파, 파, 마늘종은 4cm×1cm로 썰고 풋고추는 어슷 썰고,

3 고기는 밑간하고,

4 팬에 식용유(1큰술)를 두르고 야채를 볶아 그릇에 담고,

5 팬에 양념한 고기를 볶아 익히고,

6 고기에 볶아놓은 채소를 넣고 잠시 볶은 후 불을 끄고 마무리.

양념공식 요리비결

고추장 양념맛의 요리비결은 고추장(2)을 중심으로 고춧가루(1), 청주(1)를 넣어주면 좋다. 고춧가루는 재료가 익으면서 나오는 수분을 흡수하고 얼큰한 맛을 내며, 청주는 고추장의 짠맛을 줄여주고 고기의 냄새를 제거한다. 생강은 특히 돼지고기, 생선 요리를 할 때 단백질이 응고한 뒤에 넣으면 방취 효과가 크다. 고추장 양념을 이용한 요리로는 제육볶음, 곱창구이, 오리볶음 등이 있는데, 양념을 할 때 청주, 파, 마늘, 생강 등을 넉넉히 넣는다.

단백질 가득! 맛과 영양을 다잡는
양송이버섯볶음

버섯 중에서도 가장 육즙이 가득한 양송이버섯.
고소한 참기름 향이 입혀지면 풍부한 맛과 향을 동시에 만끽할 수 있어요.
영양, 맛, 향기 고루 잡는 만능 밑반찬을 만들어요.

재료	양송이버섯(200g), 소고기(50g), 붉은 고추(1/4개), 브로콜리(50g), 양파(20g), 마늘종(10g)
밑간	간장(1/2작은술), 설탕(1/4작은술), 파(1/2작은술), 마늘(1/4작은술), 깨소금(1/4작은술), 참기름(1/4작은술), 후춧가루(약간)
양념	맛간장(2큰술), 참기름(1/2삭은술), 깨소금(1/4작은술)

1. 양송이버섯은 반으로 잘라서 끓는 물에 데쳐내고 물기를 꽉 짜고,
2. 소고기는 3cm 길이로 고르게 채 썰어 밑간하고,
3. 붉은 고추는 반으로 잘라 씨를 빼서 2cm×0.2cm로 채 썰고,
4. 브로콜리는 2cm 길이로 잘라 끓는 물에 살짝 데쳐내고,
5. 양파는 2cm로 네모나게 썰고 마늘종은 2cm로 썰어 데치고,
6. 팬에 식용유를 두르고 양파, 브로콜리, 마늘종, 붉은 고추를 볶아 내고,
7. 밑간한 고기를 볶아 접시에 담아 놓고,
8. 데쳐놓은 버섯을 볶다 맛간장과 물(2큰술)을 무치듯 빠르게 볶아내고,
9. 볶은 고기, 고추, 마늘종, 양파, 브로콜리를 넣고 참기름, 깨소금 넣고 마무리.

양념공식 요리비결

양송이버섯은 단연 모든 버섯 중 단백질 함량이 가장 많이 함유되어 있다. 또한 버섯에는 단백질 분해 효소가 있어 고기와 함께 먹으면 소화가 잘된다. 양송이장과라고도 하며 맛간장이 없을 때는 간장(1), 물(1), 설탕(1/2)의 비율로 섞어 파, 마늘, 양파를 넣고 함께 끓이다가 주재료를 넣어 조리듯이 볶아낸다.

매콤달콤 환상의 반찬
오징어볶음

칼칼한 반찬이 당길 때 꼭 떠오르는 메뉴가 있지요. 바로 오징어볶음!
탱글탱글 쫄깃한 오징어만 건져 먹어도 맛있고, 매콤하고 맛깔 나는 국물에 밥을 자작하게 비벼먹어도 맛있어요.
오징어 두 마리와 간단한 야채만 있으면 OK! 냄비에 맛깔나게 볶아 만들어봐요.

재료 오징어(작은 것 2마리), 양파(80g),
풋고추(20g), 실파(30g)

양념장 고추장(3큰술), 고춧가루(1큰술),
간장(1/2작은술), 청주(1큰술),
설탕(1큰술), 물엿(1/2큰술), 파(1큰술),
마늘(2작은술), 깨소금(1큰술),
참기름(2작은술), 후춧가루(약간)

1 오징어는 내장과 껍질을 깨끗이 손질해 몸통 안쪽에 0.3cm 간격으로
대각선 모양의 칼집을 넣고 4cm×1.5cm로 썰고,

2 양파는 반으로 갈라 4cm로 굵게 채 썰고 풋고추는 어슷 썰고,

3 실파는 4cm 길이로 썰고,

4 양념장 재료를 모두 섞어 양념장을 만들고,

5 팬에 식용유를 두르고 양파, 풋고추, 실파를 볶아 접시에 담고,

6 팬에 오징어를 볶다가 익으면 양념장을 넣어 마저 익히고 볶아 놓은
채소를 섞어 마무리.

양념공식 요리비결

오징어를 볶을 때 오징어 자체에서도 물이 나오므로 양념장은 되직하게 만드는 것이 좋다. 또한 오징어를 양념장에 재웠다가 볶는 것보다 생오징어를 볶아 나오는 수분을 일부 버린 후 양념장을 넣어 볶는 것이 더 좋다.

오징어를 볶을 때는 센 불에서 단시간에 볶아야 질기지 않다. 대량으로 요리할 때는 오징어, 낙지 등의 해물을 살짝 데쳐서 양념하여 조리한다.

부드러운 어묵느낌의 고급요리

생선완자조림

튀겨서 만든 어묵대신 부드러운 생선완자 요리를 만들어봐요.
곱게 나질수록, 오래 치댈수록 식감이 부드럽고 쫄깃해지며, 짭조름한 간장 양념이 싹 배어 맛깔나요.
밥반찬으로도 좋지만, 고급스러워서 손님상에 올려도 정말 좋아요!

재료	생선살(150g), 두부(50g), 마른 표고버섯(1개), 양송이버섯(30g), 풋고추(1개), 붉은 고추(1/4개), 양파(30g)
완자 양념	소금(1/3작은술), 파(1작은술), 마늘(1/2작은술), 참기름(1/2작은술), 깨소금(1작은술), 후춧가루(약간)
양념	맛간장(3큰술), 고추기름(2큰술), 물(1/2컵)

1 생선살과 두부는 곱게 다져서 물기를 키친타월로 제거하고 완자 양념과 섞어 반죽을 만들어 치대고,

2 표고버섯은 따듯한 물에 불려 기둥을 떼고 은행잎 모양으로 썰고,

3 양송이버섯은 손질하여 끓는 물에 데치고,

4 풋고추, 붉은 고추는 반으로 갈라 씨를 빼고 2cm로 사각 썰기하고 양파도 같은 크기로 썰고,

5 반죽을 둥글게 빚어 기름을 두른 팬에 노릇하게 굽고,

6 팬에 풋고추, 붉은 고추, 양파를 각각 볶아 덜어 놓고,

7 냄비에 고추기름을 넣고 완자를 볶다가 표고버섯, 양송이버섯을 넣고,

8 맛간장(3큰술)에 물(1/2컵)을 넣어 조리고 볶은 채소를 넣고 참기름으로 양념하고 마무리.

양념공식 요리비결

생선살은 비린내가 덜한 대구살이나 동태살 등 흰살 생선을 사용하는 것이 적합하며 생선살 대신에 다진 고기를 이용하여 만들어도 좋다. 물 기를 제거하여 완자를 빚으면 부서지는 것을 예방할 수 있다. 맛간장은 농도에 따라 물을 2~3배 넣어 농도를 조절할 수 있다.

조금은 색다른 생선조림

삼치조림

보통 한국식 생선조림은 칼칼하게 고춧가루에 조려 먹지만,
간장으로 삼삼하게 조려 먹어도 맛있어요.
짭조름 간장과 시원한 향미채소와 담백하게 조려내면 고급 저녁메인요리 완성이에요.

재료 삼치(400g), 무(100g), 풋고추(2개),
붉은 고추(1개)

양념장 설탕(1큰술), 간장(4큰술), 마늘(1큰술),
파(1/2대), 생강(1톨), 청주(1큰술),
참기름(1작은술), 깨소금(1작은술),
후춧가루(약간), 물(1.5컵)

1 삼치는 싱싱한 것으로 골라 지느러미, 비늘, 내장을 제거하여 씻고
어슷하게 썰고,

2 무는 0.5cm 두께로 반달 썰기 하여 데치고 풋고추와 붉은 고추는 어슷
썰기 하고,

3 양념장을 만들고 냄비에 무와 생선을 넣은 후 양념장의 절반을 넣어
끓이고,

4 나머지 양념장을 붓고 풋고추와 붉은 고추를 넣어 조린 후 그릇에 담아내
마무리.

양념공식 요리비결

붉은살 생선 조림장 양념공식(양념공식 15)은 기본양념인 간장, 설탕,
물의 비율이 1 : 0.1~0.3 : 3~4로 계량하고 나머지 양념을 섞어 조린
다. 생선을 어슷하게 썰면 단면적이 넓어져 양념이 더 잘 밴다.

흰 살 생선과는 달리 삼치, 고등어와 같은 붉은 살 생선은 단맛이 과하
면 비린내가 많이 나므로 최대한 단맛을 줄인다. 레몬, 고춧가루 등이
들어가면 비린맛을 제거하는 데에 도움을 준다.

떡볶이

탱글탱글 가래떡과 매콤한 양념장의 조합이에요.
씹는 재미는 물론 포만감까지 느낄 수 있어 칭찬 일색.
멸치육수로 만든 국물은 유명 떡볶이집에서 먹은 그 맛이랍니다.

재료	가래떡(300g), 참기름(1작은술), 어묵(100g), 양파(50g), 쪽파(2대), 당근(50g), 양배추(50g), 대파(1대)
양념장	설탕(1큰술), 깨소금(1작은술), 고춧가루(1큰술), 간장(1작은술), 고추장(3큰술), 마늘(2작은술), 파(1큰술), 참기름(1작은술), 멸치육수(2컵)
전체 양념	참기름(1/4작은술), 깨소금(1/2작은술)

1. 가래떡은 5cm로 썰고 끓는 물에 데쳐 떠오르면 건져내 찬물에 씻은 뒤 체에 밭쳐 참기름에 버무리고,

2. 어묵, 양파, 당근, 쪽파, 양배추는 길쭉하게, 대파는 어슷썬 후 살짝 볶고,

3. 팬에 멸치육수를 붓고 양념장 재료와 떡, 어묵을 넣어 끓이고,

4. 육수가 반으로 줄어들면 볶은 채소를 넣고 잠시 끓여 참기름, 깨소금을 넣어 섞고 마무리.

양념공식 요리비결

단단하게 굳은 가래떡은 끓는 물에 넣고 끓여 떠오르면 건져야 한다. 떡이 완전히 익은 후에 건져야 양념장을 넣고 끓였을 때 부드럽다. 덜 익은 채로 양념하면 짠맛이 들어가 단단해진다. 떡볶기의 맛은 양념장의 짠맛과 단맛의 비율로 좌우된다. 짠맛은 고추장에서 나오며 단맛은 설탕의 양에 따라 달라진다. 짠맛을 내는 고추장 분량의 1/3의 단맛이 들어가면 적당하다.
궁중떡볶이는 간장 양념으로 조리하며 오방색의 식재료가 고루 들어가 보기에도 화려하다.

쓴맛 없이 향긋한

더덕구이

향과 식감이 좋은 더덕을 고소한 기름장과 매콤한 양념장에 자작자작 구워 먹으면
사각사각 씹는 느낌과 쫀득한 느낌이 반찬으로 최고에요.

재료	피더덕(250g)
유장	참기름(2작은술), 간장(1/2작은술)
양념장	고춧가루(2작은술), 설탕(2작은술), 깨소금(2작은술), 고추장(2큰술), 마늘(2작은술), 파(1큰술), 물엿(2작은술), 참기름(2작은술)

1 더덕은 껍질을 벗긴 후 길게 반으로 쪼개 소금물(물 1/2컵 + 소금 2작은술)에 담갔다가 건져 씻어서 물기를 거두고,

2 방망이로 자근자근 두드려 납작하게 만들고,

3 유장을 손질한 더덕에 고루 발라 애벌로 한번 구워내고,

4 양념장을 만들어 더덕에 발라 다시 구워 마무리.

양념공식 요리비결

향이 좋은 더덕은 숯불에 구우면 그 맛이 더욱 일품이다. 더덕 자체의 향을 최대한 살리는 것이 더덕구이의 요령이다. 양념을 하고서 바로 구우면 속은 익지 않고 양념만 타기 때문에 먼저 유장으로 애벌구이를 한다. 그리고 양념장을 바른 더덕을 표면만 살짝 익힌다. 팬에서 볶듯이 구워도 좋다. 자연산은 쓴맛이 강해 엷은 소금물에 담갔다가 양념한다. 소금물에 담근 후 사용하면 쓴맛이 빠지면서 조직이 부드러워져 더덕을 두드릴 때 덜 부서진다.

간단하지만 특별한 느낌을 주는 특식

닭찜

닭찜은 짭조름 달달해서 어른 아이 누구나 좋아하는 식사 메뉴에요.
감자, 당근, 표고버섯, 피망까지 듬뿍 늘어있어
온 가족이 둘러앉아 먹어도 부족함이 없어요.

재료	닭(1/2마리, 500g), 감자(100g), 당근(50g), 표고버섯(2장), 피망(1/2개)
닭 데치는 물	통후추(1/2큰술), 파(1/2대), 마늘(20g), 양파(30g), 생강(1톨)
양념장	간장(4큰술), 설탕(3큰술), 파(1큰술), 마늘(2작은술), 생강(5g), 깨소금(1큰술), 참기름(2작은술), 후춧가루(약간), 마른 고추(2개), 물(1.5컵)

1 닭은 껍질과 기름기를 손질해 먹기 좋은 크기로 자르고,

2 냄비에 통후추와 파, 마늘, 양파, 생강, 물(2컵)을 넣어 닭을 데치고,

3 감자와 당근을 손질해 밤톨 크기로 썰고,

4 표고버섯은 물에 불려 기둥을 따 은행잎처럼 썰고, 피망은 당근 크기로 네모나게 썰고,

5 양념장을 만들고 데친 닭에 반을 넣어 감자, 당근과 함께 끓이고,

6 맛이 배어들면 표고버섯과 나머지 양념장을 넣어 조리고

7 피망을 넣어 살짝만 익히고 그릇에 담아 마무리.

양념공식 요리비결

닭찜의 양념공식은 간장(1), 설탕(0.7), 물(5)이다. 닭 껍질은 콜라겐이 많아 설탕을 간장의 0.5배보다 조금 더 넣으면 윤기가 나면서 먹음직스럽다. 단맛이 부담스럽다면 설탕을 간장의 0.5배 넣어도 무난하다. 닭을 데칠 때 파, 마늘 등 향신 채소를 넣고 끓이면 냄새 제거에 도움이 된다. 특히 양념장을 만들 때 마른 고추가 들어감으로써 시간이 지남에 따라 마른 고추의 붉은색이 간장에 우러나기 때문에 색이 아름다울 뿐 아니라 얼큰한 맛도 더해진다.

세계인이 좋아하는 문화음식

국물불고기

은은하고 구수한 양념장에 소고기를 볶아 준비해보세요.
소고기와 찰떡궁합인 채소까지 곁들였더니 한결 화사해지네요.
소고기로 가족 영양도 챙겨주는 일석이조 요리에요.

재료   소고기(등심 300g), 양파(100g),
깻잎(1단), 실파(50g), 팽이버섯(1/3봉)

밑간   설탕(2큰술), 깨소금(1큰술),
진간장(3큰술), 파(1대), 마늘(1큰술),
참기름(1/2큰술), 후춧가루(약간)

양념   멸치육수(1컵), 간장(1큰술),
마늘(1/2작은술), 소금(1/2작은술)

1   소고기는 0.2cm 두께로 널찍하게 썰고 밑간해서 30분 재어 놓고,

2   양파는 손질하여 4cm 골패형으로 썰고 깻잎, 실파도 4cm 길이로 채 썰고
팽이버섯은 밑동을 잘라 알알이 떼어 놓고,

3   팬에 식용유를 두르고 양파를 센 불에서 빠르게 볶아 접시에 담고,

4   팬에 고기를 볶다가 어느 정도 익으면 멸치육수, 간장, 마늘, 소금을 넣어
끓이고,

5   국물이 끓으면 볶은 양파, 실파, 깻잎, 팽이버섯을 넣어 잠시 끓여 마무리.

양념공식 요리비결

소고기를 구이로 조리할 때는 양념에 물 대신 배즙이나 양파즙을 넣어
도 좋다. 깻잎은 소고기와 궁합이 잘 맞는 부재료다. 양파 또한 부재료
로 이용되는데, 고기를 재울 때 믹서에 갈아 넣거나 양념 물에 섞으면
육질을 부드럽게 하고 고기의 누린내를 없애는 역할을 한다.
소고기를 볶을 때는 팬이 충분히 달구어졌을 때 고기를 넣어야 표면의
단백질이 응고되어 고기의 육즙이 덜 빠진다.

3

천연양념으로 맛을 내는
국물요리

대한민국 사람이라면 밥상 위에 시원한 국물,

혹은 얼큰한 찌개 한 품이 오르지 않는 것은 상상할 수도 없는 일!

국물 맛 하나에 밥맛이 달라지고 분위기가 달라지는 만큼

제대로 된 국물내기는 중요한 작업이다.

화학조미료로 자극적인 맛을 내는 대신 재료 고유의 감칠맛을 제대로 우려내어

기본 국물을 만드는 노하우를 제시한다.

국물요리의 기본인 맛국물부터 시원한 찌개까지 맛깔나게 만드는 비법을 소개한다.

밥에 비벼 먹는 얼큰한 국물

두부고추장찌개

얼큰한 국물이 생각나는 날, 마트에서 가장 구하기 쉬운 재료들로 부담 없는 찌개요리 해봐요.
특별하진 않지만 익숙해서 더 가슴을 따뜻하게 하는 맛. 고추장이 들어가 진한 맛이 일품이고,
양념 밴 푸짐한 건더기들이 또 한 번 감동을 줘요.

재료   소고기(100g), 두부(100g),
애호박(50g), 마른 표고버섯(10g),
양파(20g), 풋고추(1개)

밑간   간장(1작은술), 마늘(1/2작은술),
파(1작은술), 후춧가루(약간)

양념장   고춧가루(1큰술), 고추장(2큰술),
파(1큰술), 마늘(2작은술),
참기름(2작은술), 후춧가루(약간),
멸치가루(1작은술), 물(2컵)

1   소고기는 얇게 너붓너붓 썰어서 밑간하고,

2   두부는 2cm×2cm로 깍둑 썰기하고 애호박은 0.5cm 두께로 은행잎
모양으로 썰고,

3   마른 표고버섯은 물에 불려 꼭지를 떼고 4등분하고,

4   양파는 2cm×2cm로 썰고 풋고추는 반으로 갈라 씨를 빼고 양파와 같은
크기로 썰고,

5   뚝배기에 소고기를 볶다가 물(1컵)과 양념장을 풀어 넣고 중간 불에서
끓이고,

6   물(2컵)과 손질한 채소를 넣고 끓여 마무리.

양념공식 요리비결

옛날 궁중에서는 고추장찌개를 감정이라 하였다. 특히 오이감정, 호박
감정 등이 널리 알려져 있다. 특히 햇감자가 많이 나올 때 두부 대신 감
자를 이용해 감자고추장찌개를 끓여도 별미다. 이때는 소고기 대신 참
치를 넣어 조리해도 좋다.

진한 고소함이 일품

콩비지찌개

걸쭉하니 고소한 비지와 잘게 다져진 돼지고기,
김치에 밥을 비벼먹던 그 시절의 기억을 요리로 다시 되살려봐요.
구하기 힘든 두부 비지대신 흰콩 1컵과 물만 있으면 OK! 진한 추억의 맛이 떠오를 거예요.

재료	불린 흰콩(1컵), 김치(100g), 돼지고기(80g), 대파(40g)
밑간	파(1/4작은술), 마늘(1/4작은술), 생강(1/4작은술), 간장(1/2작은술), 후춧가루(약간)
양념장	깨소금(1작은술), 후춧가루(약간), 고춧가루(1/2큰술), 간장(2큰술), 파(2큰술), 마늘(1작은술), 참기름(1작은술)
볶음용 기름	참기름(2작은술)

1 콩은 4~5시간 정도 물에 불린 후 믹서에 넣고 물(1컵)을 넣어 곱게 갈고,

2 김치는 속을 털어 내고 굵게 다지고 대파는 송송 썰고,

3 돼지고기는 잘게 썰어 밑간하고,

4 달군 냄비에 참기름을 두르고 김치, 돼지고기를 함께 볶고 물(1컵)을 부어 중간 불에서 10분 정도 충분히 끓이고,

5 돼지고기와 김치가 잘 익으면 갈아 놓은 콩물을 붓고 중간 불에서 그대로 젓지 말고 끓이고,

6 끓어오르면 대파를 넣고 양념장을 곁들여 마무리.

양념공식 요리비결

콩비지는 콩(1)과 물(1)의 비율을 잘 맞추어야 실패하지 않는다. 먼저 고기와 김치를 충분히 익힌 후 콩물을 붓고 넘치지 않도록 하는 것이 중요하다. 덜 끓이면 콩 비린내가 나고 오래 끓이면 메주 냄새가 나므로 주의한다. 콩비지를 끓일 때는 젓지 않고 끓이며 센 불에서 끓이면 갑자기 넘칠 수 있으니 꼭 지켜보면서 불 조절을 한다.

집에서 뚝딱, 칼칼함이 최고
육개장

뜨끈하고 얼큰한 국물요리가 생각나는 날. 영양 듬뿍 들어간 육개장 한 그릇이면 밥 한 그릇 뚝딱이지요.
푹 삶아 야들야들 풀어진 소고기, 절대로 푹 익은 야채와 함께 깊고 진한 국물에 밥을 말아
국물 맛 쫙 배게 한입 먹으면 노곤노곤 하루 피로가 다 풀릴 거예요.

재료	소고기(양지머리 400g), 숙주(100g), 고사리(80g), 느타리버섯(50g), 대파(50g)
육수 재료	대파(1대), 마늘(6쪽), 생강(1쪽), 통후추(1작은술)
양념장	고춧가루(2큰술), 소금(1작은술), 파(1큰술), 생강(1/4작은술), 마늘(1큰술), 참기름(2큰술), 후춧가루(약간)
육수 양념	국간장(1큰술), 소금(1작은술)

1. 소고기를 손질하여 찬물에 담가 핏물을 빼고,
2. 냄비에 물(10컵)을 붓고 소고기와 육수 재료를 넣어 고기를 부드럽게 삶고,
3. 삶은 고기는 건져서 찢어 놓고, 체에 받쳐 거른 육수(7컵)에
   국간장(1큰술)으로 색을 내고 소금으로 간을 맞추고,
4. 숙주, 고사리, 느타리버섯, 대파는 손질하여 6~7cm 크기로 썰어 끓는 물에
   살짝 데치고,
5. 양념장을 만들어 찢어 놓은 고기와 데친 야채를 무치고,
6. 육수를 냄비에 부어 간을 맞추고 양념한 고기와 채소를 넣어 끓이고,
   그릇에 담아 마무리.

양념공식 요리비결

육개장 양념장의 요리비결은 참기름(1)에 고춧가루(1)를 같은 비율로 넣고 파, 마늘, 생강, 소금, 후춧가루를 넣는 것이다. 육개장 다대기인 양념장에 들어가는 짠맛의 양념은 국간장보다 소금이 좋다. 국물의 간은 국간장으로 하되 부족한 간은 소금으로 한다.

육개장은 고춧가루를 진하게 양념하는 것이 특징이다. 육개장에 사용하는 소고기는 결이 좋은 양지머리나 홍두깨 등이며, 사태를 이용하면 구수한 국물맛을 낼 수 있다. 양념과 파를 넉넉히 넣어 누린내를 없애고 매콤한 맛을 살린다.

뜨끈한 국물 한입의 낭만

어묵탕

탱탱한 어묵과 깊고 뜨끈한 국물 한입 후루룩하면
한 겨울 추위에 혼자 먹는 식사마저 뜨끈한 낭만이 되죠.
쫄깃한 어묵 한입에 속도, 마음도 따듯해질 거예요.

재료	어묵(200g), 곤약(50g), 대파(1대), 무(100g), 쑥갓(2줄기)
육수 재료	멸치(10마리), 다시마(1장, 사방 10cm), 마늘(2톨), 대파(1대), 청주(1큰술), 간장(1큰술), 소금(1작은술), 후춧가루(약간), 물(6컵)
소스	멸치육수(3큰술), 간장(1큰술), 식초(1/2큰술), 발효겨자(1작은술)

1 어묵은 6cm×4cm로 썰어 놓고, 파는 5cm, 무는 6cm×4cm로 썰어 놓고,

2 곤약은 도톰하게 4cm×2cm의 직사각형으로 썰어 양 끝이 붙도록 가운데 칼집을 내고 끝을 뒤집어 리본 모양으로 만들고 끓는 물에 살짝 데치고,

3 어묵과 곤약을 꼬치에 번갈아 꿰고,

4 멸치는 내장을 손질하고 물(6컵)과 육수 재료를 통으로 넣고 끓이고,

5 끓기 시작하면 다시마는 건지고 3분 정도 더 끓여 체에 밭쳐 육수만 남기고, 간장과 소금, 후춧가루로 밑을 내고,

6 육수에 무를 넣어 반 이상 익을 때까지 끓이고,

7 꼬치에 꿴 어묵과 곤약을 넣어 국물에 맛이 우러나게 하고 손질한 대파를 넣어 잠깐 끓이고,

8 그릇에 담고 쑥갓을 올려 소스와 곁들여 마무리.

양념공식 요리비결

곤약은 구약나물을 건조, 분쇄하여 가공한 것이다. 주성분인 글루코만난은 수분과 식이섬유로 구성되어 있어 정장 작용을 하여 변비 예방에 좋다. 또한 다이어트에 효과적이며, 곤약면이 판매되고 있어 재료로 쉽게 사용할 수 있다.

손님상에 좋은 냄비특식

소고기전골

이것저것 준비하기 번거로울 때 이거 하나로 손님상 끝.
보기에도 좋고, 먹기도 좋은 소고기전골이에요. 소고기와 각종 버섯이 들어가 건강에도 최고.
도란도란 함께 끓여먹는 재미도 있어요.

재료 소고기(등심 200g), 마른
표고버섯(4장), 양송이버섯(30g),
팽이버섯(20g), 배추(2장), 양파(1/2개),
파(1대), 미나리(30g), 붉은 고추(2개),
당면(50g), 쑥갓(4줄기), 육수(3컵)

밑간 간장(2작은술), 마늘(1작은술),
청주(1작은술), 후춧가루(약간)

양념장 고춧가루(1큰술), 다시마가루(1큰술),
국간장(1큰술), 다진 파(1큰술),
마늘(2작은술), 참기름(1작은술),
후춧가루(약간)

1 소고기는 5cm 길이로 굵게 채 썰어 밑간하고,

2 마른 표고버섯은 물에 불려 기둥을 떼고 4cm×0.5cm로 굵게 채 썰어
   참기름, 소금으로 간하고,

3 양송이버섯과 팽이버섯은 깨끗이 손질해 모양대로 자르고,

4 배추, 양파는 5cm×2cm로 자르고 파, 미나리, 붉은 고추는 5cm 길이로
   썰고,

5 당면은 뜨거운 물에 불려 7~10cm 길이로 자르고,

6 냄비에 준비된 재료를 보기 좋게 담고 육수를 부어 끓이다가 양념장과
   쑥갓을 넣고 끓여 마무리.

양념공식 요리비결

천연 양념인 다시마가루를 이용한 국물 요리다. 전골은 여러 재료의 조
화된 맛을 즐기는 음식으로 재료에 구애될 필요가 없이 냉장고에 있는 재
료를 활용하여 즉석에서 끓여 먹는 맛이 일품이다. 국물이 약간 남았을
때 밥과 다진 양파, 당근, 풋고추, 김가루, 참기름 등을 넣고 볶아먹는 재
미도 솔솔하다.

4장

성공적으로 치르는 손님 초대 요리

바쁜 한 주가 지나고 휴일이 되면 주변의 사랑하는 친구들이나 가족과 함께 종종 파티를 열기도 한다. 요리 전문가가 아니어도 준비를 잘 한다면 몇 가지 요리로도 얼마든지 멋진 모임을 할 수 있다. 먼저 오시는 손님 층에 따라 메뉴를 짜고, 먼저 할 것과 나중 할 것을 구분해 시장을 본다. 손님 초대 하루 전에는 뷔페 접시, 주식의 그릇, 수저, 커피 잔 등 그날 필요한 기물들을 모두 씻어 물기를 닦아 준비해 둔다. 분위기에 맞는 냅킨에 식탁보, 꽃꽂이를 곁들이면 금상첨화이리라.

1

오색의 조화로
눈이 즐거운 전채 요리

전채 요리는 주 요리를 먹기 전에 입맛을 돋우는 가벼운 요리를 말한다.
위에 부담을 주지 않고 새콤달콤한 맛을 내면서 색이 화려한 것이 특징이다. 술안주 요리로
내놓기도 하는데 매우 고급스럽다.

고소하고 간단한 아침식사
옥수수죽

구워 먹어도, 삶아 먹어도 맛있는 옥수수는 폭 끓여서 죽으로 만들어 먹어도 좋아요.
만드는 법도 간단하고 고소해서 간식으로도 좋고 소금간 짭조름하게 해
바쁜 아침에 데워먹으면 부드럽고 가벼운 한 끼로 좋아요.

재료	옥수수알(2컵), 불린 쌀(2/3컵), 물(5컵)
양념	소금(1작은술)

1 옥수수 알을 훑어 씻어 놓고,

2 믹서에 옥수수 알을 물(1컵)과 함께 넣고 곱게 갈아 체에 밭치고,

3 쌀을 불린 후 물(1컵)을 넣어 곱게 갈아 체에 밭치고,

4 옥수수 알과 물(3컵)을 넣어 은근한 불에서 끓이다 간 쌀을 조금씩 넣어 멍울지지 않게 저어가며 익히고,

5 소금으로 간해서 그릇에 담아 마무리.

양념공식 요리비결 날 옥수수를 믹서에 되직하게 갈아서 전을 부쳐도 별미로 즐길 수 있다. 옥수수의 주성분은 탄수화물로 대부분이 전분이다. 질이 낮은 트레오닌이나 옥수수를 주식으로 먹는 사람들에게는 피부질환인 펠라그라가 나타날 수 있으므로 먹을 때는 양질의 아미노산 함유 식품인 우유 등과 같이 먹는 것이 좋다. 옥수수 씨눈에는 신경조직에 필요한 레시틴과 피부건조와 노화에 관여하는 비타민E가 매우 많다.

고소한 콩으로 마음까지 따뜻하게

콩죽

간 콩은 시원하게 해서 국수나 음료수로도 많이 먹지만
걸쭉하고 따뜻하게 죽으로 만들어 먹어도 맛있어요.
맛이 순하고 부드러워서 식사 전에 몸을 데워주는데도 도움이 돼요.

재료　불린 콩(1/2컵), 불린 쌀(1컵), 물(5컵)
양념　소금(1작은술)

1　콩을 깨끗이 씻어 5~6시간 물에 불리고,

2　냄비에 불린 콩을 넣고 물을 부어 끓이고,

3　잠시 식힌 콩을 비벼 씻어 믹서에 넣고 물(1컵)을 넣어 갈아 체에 밭치고,

4　불린 쌀을 믹서에 물(1컵)과 같이 넣어 갈아 체에 밭치고,

5　물(3컵)을 끓이다가 콩물을 넣고 끓으면 쌀가루 물을 넣어 농도를 맞추고,

6　소금으로 간하여 마무리.

양념공식 요리비결 두류(견과류) 죽을 끓일 때는 불린 쌀(1)과 두류 (1/2), 물(5~6)의 비율로 맞춘다.
콩은 3배의 물을 넣고 불려서 비벼 씻어 껍질을 어느 정도 제거한 후 찬물(2컵)에 콩을 넣고 우르르 끓으면 불을 끄고 씻어 믹서에 곱게 갈 아 사용한다. 이때 너무 많이 끓이면 메주 냄새가 나므로 끓기 시작하면 바로 불을 끈다. 우윳빛 콩물에 수수경단을 만들어 올리면 좋다.

건강과 입맛을 동시에 살리는

수삼채

식사 전 새콤한 수삼채로 건강과 입맛을 동시에 잡아봐요.
고급 요리지만 손도 많이 안가고 짧은 시간에 차려낼 수 있어 좋아요.

재료　수삼(2뿌리), 오이(50g), 셀러리대(30g),
　　　　밤(2개), 배(1/4개), 대추(3개)

단촛물　식초(2큰술), 설탕(2큰술),
　　　　소금(2작은술), 물(2큰술)

1　수삼을 깨끗이 손질하여 고르게 채 썰고,

2　오이는 껍질의 가시를 다듬고 3cm 길이로 썰어 돌려 깎기 하여 곱게 채
　　썰고,

3　셀러리, 밤, 배는 껍질을 벗기고 3cm 길이로 곱게 채 썰고,

4　대추는 키친타월로 겉을 닦고 씨를 뺀다음 채 썰고,

5　단촛물을 만들어 채 썰은 재료에 버무리고 마무리.

양념공식 요리비결 전채요리 또는 쓴맛이 나는 재료를 이용한 것으로 맛식초(양념공식 4)를 응용한 것이다. 식초(1), 설탕(1), 소금(0.3)을 비율대로 섞어 만들고 신맛이 강하므로 식초와 같은 양의 물(1)을 혼합하여 사용한다. 이때 레몬즙을 넣거나 설탕 대신 꿀을 넣고 통잣을 뿌려도 좋다. 인삼은 재료 자체의 향이 강하므로 재료 고유의 맛을 잘 살리려면 향신 양념인 마늘, 생강 등을 넣지 않는 것이 좋다.

새콤달콤 알록달록 궁중음식

오이선

귀한 손님이 오시는 날. 사랑하는 사람에게 예쁘고 맛있는 요리를 대접하고 싶은 날.
오색고명 예쁘게 올려 오이선을 만들어 보세요.
새콤달콤한 양념에 아삭한 오이 한 입 깨물면 시원한 여름이 입안에 가득 퍼질 거예요.

재료	오이(200g, 소금 1/2작은술), 소고기(50g), 당근(10g), 마른 표고버섯(1개), 달걀(1개)
밑간	소금(1/4작은술), 마늘(1/6작은술), 참기름(1/6작은술), 후춧가루(약간)
겨자촛물	설탕(2작은술), 소금(2작은술), 발효겨자(1작은술), 식초(2큰술), 레몬(1/4개)
양념	깨소금(1/8작은술), 참기름(1/4작은술)

1 오이를 세로로 길게 반으로 뚝 자르고,
2 0.5cm 간격으로 어슷 칼집을 넣고 네 번 잘라 오이 조각을 만들고,
3 오이에 소금(1/2작은술)을 뿌려 절이고,
4 소고기는 밑간하고 당근은 2cm 크기로 가늘게 채 썰고,
5 마른 표고버섯은 따뜻한 물에 불려서 기둥을 떼고 곱게 채 썰고,
6 달걀은 흰자와 노른자를 구분해 지단을 부쳐 당근과 같은 길이로 썰고,
7 달군 팬에 물기를 꽉 짠 오이를 색이 변하지 않게 볶아 식히고,
8 소고기, 당근, 버섯을 각각 볶아 지단과 함께 섞어 양념하고,
9 오이 사이사이에 양념한 소 재료를 넣고 거자 촛물을 끼얹어 마무리.

양념공식 요리비결 오이 소를 넘치지 않게 적당히 오이 속에 넣어야 맛과 멋 모두 잡는 오이선을 만들 수 있다. 아삭아삭 씹히는 맛이 좋으며, 새콤달콤하면서 톡 쏘는 맛이 전채 요리나 안주 요리에 안성맞춤이며, 고기 요리와 곁들이면 더욱 좋다.

알록달록 눈으로 먹고 입으로 먹는

색편육

손님상이나 어른 접대 상에 내어두면 신경 쓴 듯 고급스럽게 보이는 요리에요.
특색 있는 알록달록 비주얼에 감탄하며 눈으로 한번 감상하고,
새콤한 초간장과 레몬향이 입맛을 돋워 전채 요리로 좋아요.

재료	소고기(사태살 200g), 오이(70g), 당근(30g), 토마토(4개)
소고기 삶는 물	대파(20g), 마늘(10g), 양파(10g), 생강(3g)
초간장	간장(3큰술), 식초(3큰술), 설탕(2작은술), 레몬(1/4쪽)
양념	소금(1/3작은술)

1 끓는 물(2컵)에 대파, 마늘, 양파, 생강, 소고기를 넣고 고기 속까지 익도록 푹 삶고,

2 고기를 건져내 식으면 2cm×2cm×0.5cm로 썰고,

3 오이는 0.3cm 두께로 편 썰고 당근도 오이와 같은 크기로 편 썰어 화형으로 찍고 토마토는 반으로 갈라 놓고,

4 고기를 초간장에 30여분 담아 간이 배도록 하고,

5 오이와 당근은 소금(1/3작은술)에 절인 후 볶아 초간장에 담고,

6 고기와 당근, 오이를 건져내고 토마토는 순서대로 꼬치에 끼워 접시에 담아내 마무리.

양념공식 요리비결 소고기 중 기름기가 적은 부위를 사용하는데, 특히 사태살 중에서 아롱사태는 살 사이에 콜라겐이 많아 쫄깃쫄깃 할 뿐 아니라 쫀득한 씹는 맛이 더할 나위 없이 좋다. 초간장은 단맛이 많이 나지 않도록 간장(1), 식초(1), 설탕(1/4)을 비율대로 섞어 만든다. 오이 와 당근 외에 편 마늘, 금귤 등을 고기와 같은 크기로 썰어 꼬치에 꿰어 도 화려하다. 서양요리의 오드블과 같은 개념의 요리이며 핑거푸드로 좋다. 특히 스탠딩 뷔페 등을 차릴 때 어울리는 메뉴다.

무말이강회

무말이강회는 무피를 얇고 둥글게 썰어 난촛불에 재우고 여러 채소를 곱게 채 썰어
무피에 속재료를 넣고 원추형으로 돌돌 만 음식이에요.
알록달록 색도 예쁘고, 모양도 예뻐 식사 전 상에 올리면
상큼하게 입맛 돋우는 전채 요리가 될 거예요.

재료 무(150g), 오이(1/2개), 셀러리(50g),
당근(20g), 마른 표고버섯(1개),
무순(10g), 팽이버섯(1/3봉)

무피 양념 소금(2작은술), 설탕(2큰술),
식초(2큰술), 물(2큰술)

1 무는 지름 7cm로 얇게 떠서 무피 양념에 재우고,

2 오이는 껍질과 살을 돌려 깎기 해 4cm 길이로 곱게 채 썰고,

3 셀러리, 당근도 오이와 같은 길이로 채 썰고,

4 표고버섯은 따듯한 물에 불려 기둥을 떼고 가늘게 채 썰고,

5 오이, 셀러리, 당근, 표고버섯을 섞고 무피양념(1작은술)을 넣어 무치고,

6 양념한 무피를 건져 펼쳐서 손질한 재류와 무순, 팽이버섯을 가지런히
올리고,

7 원뿔 모양이 되도록 말아 접시에 보기 좋게 담고 마무리.

양념공식 요리비결 맛식초(양념공식 4)를 응용한 요리이다. 무를 절
일 때 식초(1), 설탕(1), 소금(0.3), 물(1)의 비율로 섞어 30여 분 절여
놓으면 무초절이가 된다. 무를 처음 썰었을 때는 뻣뻣하여 양끝이 붙지
않으나 어느 정도 절여지면 부드러워지면서 서로 잘 붙는다.

정성가득한 손님 요리

밀쌈

집들이나 손님상에 생색내기 딱 좋은 고급요리 밀쌈. 알록달록 색색 야채가 예뻐
눈이 호사하는 비주얼 푸드지만 사실 맛과 영양 모두를 동시에 잡은 고급 궁중 요리에요.
한입 크기로 만들어 쏙 넣으면 입안에서 맛의 오케스트라가 펼쳐져요.

재료   소고기(100g), 오이(200g), 피망(100g),
당근(30g), 마른 표고버섯(2장),
죽순(50g)

밑간   간장(1/2작은술), 설탕(1/4작은술),
파(1/2작은술), 마늘(1/4작은술),
깨소금(1/4작은술), 삼기름(1/4작은술),
후춧가루(약간)

밀전병 재료 밀가루(2컵), 소금(1/2작은술),
식용유(1작은술), 물(2.5컵)

밀쌈 양념 소금(1/4작은술), 참기름(1/2작은술),
깨소금(1작은술)

소스   겨자초간장(2큰술)

1 소고기는 결대로 가늘게 채 썰어 밑간하고,

2 오이는 가시를 제거하고 5cm 길이로 썰어 돌려 깎아 채 썰고,

3 피망과 당근도 손질해 같은 길이로 곱게 채 썰고,

4 마른 표고버섯은 따뜻한 물에 불려 기둥을 떼고 가늘게 채 썰고 죽순도
돌려 깎기 해 채 썰고,

5 오이, 피망, 당근, 표고버섯, 죽순, 소고기를 팬에 식용유를 조금만 넣어
각각 볶아 식히고,

6 밀가루(2컵)에 물(2.5컵)을 섞고 소금을 넣어 체에 밭치고 달군 팬에
밀전병을 부쳐 20cm×7cm로 썰고,

7 고기를 제외한 볶은 채소는 소금간을 하여 물기를 꽉 짜고 고기와 섞어
밀쌈 양념을 하고,

8 밀전병에 야채들을 가지런히 놓은 다음 동그랗게 단단히 싼 뒤 한입
크기로 썰어 소스와 곁들여 마무리.

양념공식 요리비결 밀전병은 물(1.2), 밀가루(1)의 비율로 만든다.
물과 밀가루의 비율만큼이나 팬의 온도도 중요하다. 팬에 식용유를 넣
은 후 냅킨으로 완전히 닦아낸 다음 반죽을 한 숟가락씩 떠 넣거나, 한
국자를 팬에 부어 재빨리 팬을 돌린 다음 그릇에 반죽을 따른다. 야채의
담백한 맛을 즐기기 위해서는 볶을 때 팬을 뜨겁게 달군 뒤 식용유를
거의 넣지 않고 센 불에서 재빨리 볶아내는 것이 비결이다.

2

새콤달콤 입맛 돋우는 찬요리

매일 요리를 하면서도 가장 어려운 일이 메뉴 선정이다. 냉장고에 묵혀 놓은 식재료도
항상 거기서 거기이고, 요리 방법이 다양하지 않기 때문에 고민만 하다가 만들던
메뉴를 반복해서 만들기 일쑤다. 인터넷을 뒤져서 따라 해보아도 마찬가지다.
조리 과정만 다를 뿐, 메뉴 고민을 해결해주지는 않는다.
그래서 당신의 반찬 걱정을 덜어주기 위해 냉장고 속 재료로
뚝딱 차릴 수 있는 찬요리를 준비했다.
식탁의 밥반찬으로, 손님상의 메인 요리로, 든든한 한 끼 식사로 응용할 수 있다.

간단하게 뚝딱! 깔끔 담백한

두부채소샐러드

샐러드를 먹고 싶다면 슈퍼마켓에서 쉽게 살 수 있는 재료로 구성한 두부채소샐러드를 추천해요.
담백한 두부 맛이 깔끔한 냉채소스와 잘 어울려요.

재료 양상추(1/4통), 치커리(20g),
양파(1/4개), 오이(1/3개), 당근(1/4개),
두부(1/3모), 어린잎채소(30g)

냉채소스 설탕(2큰술), 간장(2큰술), 식초(2큰술),
굴 소스(1큰술), 레몬즙(1작은술),
다진 마늘(1작은술), 참기름(1큰술),
깨소금(1작은술)

1 두부를 제외한 채소 재료는 각각 깨끗이 씻어 물기를 제거하고,

2 양상추는 손으로 뜯고 치커리는 3cm로 자르고,

3 양파는 채 썰어 물에 담아 매운맛을 빼서 건지고 오이와 당근은 둥글게 썰고,

4 두부는 2cm×2cm로 썰어 팬에 식용유를 둘러 지지고,

5 접시에 채소를 담고 지져낸 두부와 어린잎채소를 올리고,

6 냉채소스 재료를 모두 섞어 소스를 만들고 채소에 뿌려 마무리.

양념공식 요리비결 식초, 간장, 설탕을 같은 양으로 넣어 단맛이 강한 듯 염려되지만, 짠맛의 굴소스가 들어가기 때문에 단맛이 강하지 않다. 채소의 비타민, 무기질과 두부의 단백질이 잘 조화되는 요리다. 가벼운 식사대용으로 좋은 두부채소샐러드는 다양한 채소를 이용하여 만들기도 한다.

신선하고 산뜻하게

미역냉채

미역국과는 또 다른 매력이 있는 쫄깃쫄깃 새콤한 미역냉채에요.
탱글한 새우살, 아삭한 오이의 식감에 더해진 톡 쏘는 소스가
입안을 깔끔하게 정리해 줄 거예요.

재료 마른 미역(20g), 백새우살(50g),
오이(1/2개), 붉은 고추(1/4개),
레몬(1/8쪽)

냉채소스 발효겨자(1/2작은술), 마늘(1작은술),
소금(1작은술), 설탕(1큰술), 식초(1큰술)

1 마른 미역은 뜨거운 물에 불렸다가 건져 주물러 씻어 5cm 길이로 잘라
물기를 짜고,

2 새우 살은 연한 소금물(물 1/2컵+소금 1/4작은술)에 씻어 열이 오른 팬에
식용유를 둘러 살짝 볶고,

3 오이는 둥글게 썰어 소금(1/3작은술)에 절인 다음 꽉 짜고,

4 붉은 고추는 2cm×0.2cm로 채 썰고,

5 레몬은 꽉 짜서 즙을 내고 냉채소스 재료를 넣어 소스를 만들고,

6 손질한 재료를 섞고 소스에 버무려 마무리.

양념공식 요리비결 맛식초(양념공식 4)의 응용요리다. 맛식초의 기본 비율은 식초(1), 설탕(0.7), 소금(0.3)이지만 식초와 설탕을 같은 양으로 넣으면 단맛이 늘면서 신맛은 줄어드는 효과가 난다. 마른 미역에 뜨거운 물을 부어 불리면 부드러워진다. 최근에는 가공기술의 발달로 찬물을 부어 불려도 바로 불어난다. 마른 미역은 불리면 10~14배 늘어난다.

풍부한 향과 새콤한 양념

더덕생채

보약 식재료 더덕은 기관지 질환을 예방하는 효과가 있고 인삼처럼 사포닌을 많이 함유하고 있어요.
생으로 무쳐 새콤한 양념장에 버무려내니 향긋한 고유의 향과 뽀득한 식감이 더욱 극대화 돼요.

재료   더덕(100g)

양념장   고춧가루(1작은술), 설탕(2작은술),
고추장(1큰술), 식초(2작은술),
파(1작은술), 마늘(1작은술),
깨소금(1작은술)

1 더덕은 깨끗이 씻어 껍질을 벗기고 반으로 잘라 소금물(물 1/2컵 + 소금
1큰술)에 담그고,

2 더덕을 건져 물기를 제거하고 자근자근 두드려 펴서 속의 심을 뺀 뒤
결대로 찢고,

3 양념장을 만들고,

4 찢은 더덕에 양념장을 섞어 고루 무치고 접시에 담아 마무리.

양념공식 요리비결 맛식초(양념공식 4)의 양념공식을 활용하였다.
쓴맛이 나는 재료인 더덕, 도라지를 사용할 경우 식초(1), 설탕(1), 소금

(0.3)의 비율로 맞추면 쓴맛이 다소 감소된다.

홍어회

한국의 대표 발효 음식, 홍어! 늘 회로만 먹던 홍어를 화려하게 변신시켜 보아요.
자꾸자꾸 끌리는 마성의 홍어맛과 매콤달콤 양념 맛이
저녁 식사 메인 요리로 손색없답니다!

재료　홍어(200g, 식초 2큰술), 무(50g),
　　　오이(80g), 통도라지(50g),
　　　미나리(50g), 배(1/4개)

양념장　고춧가루(3큰술), 설탕(1큰술),
　　　소금(1/2작은술), 고추장(3큰술),
　　　청주(1큰술), 식초(2큰술), 물엿(1큰술),
　　　깨소금(2작은술)

1　홍어는 껍질을 벗겨 결 반대 방향으로 5cm×0.5cm로 얇게 썰어 식초(2큰술)에 30여분 재어 둔 다음 물기를 꽉 짜고,

2　무, 오이는 4cm×0.7cm로 얇게 썰어 소금에 절이고,

3　도라지는 무와 같은 크기로 썰어 소금으로 주물러 씻어 쓴 물을 빼서 물기를 짜고,

4　미나리는 손질해 4cm 길이로 썰고 배도 4cm×0.3cm로 채 썰고,

5　양념장을 만들어 홍어와 오이, 무, 도라지를 버무리고,

6　미나리와 배를 섞어 마무리.

양념공식 요리비결 홍어는 먼저 식초나 막걸리에 재워 삭히는데, 이렇게 삭힌 홍어는 육질이 쫄깃하며 뼈까지 부드러워진다. 삭힌 홍어와 삶은 돼지고기, 묵은 김치를 '삼합'이라 하는데, 삭힌 홍어에서 독특한 냄새가 나는 이유는 홍어의 요소 성분이 자가소화되면서 암모니아로 분해되기 때문이다. 섭취해도 해가 되지 않는 발효 음식이다.

새콤달콤 바다향이 좋아

우렁이초회

우렁이의 찰진 식감과 아삭아삭한 오이와 무의 조합. 새콤한 양념장까지 어우러지면
시원한 여름바다를 느끼게 해주는 명품 초회 완성이에요. 깐 우렁이살을 사면 손질할 필요가 없어 편하고,
조리법도 간단해 반찬 없을 때 뚝딱 만들 수 있어요.

재료 깐 우렁이살(200g, 된장 2큰술,
밀가루 1큰술), 오이(100g), 무(50g),
미나리(20g), 풋고추(1개), 붉은
고추(1/4개)

양념장 고춧가루(2큰술), 설탕(1작은술),
고추장(1큰술), 식초(1큰술), 파(2작은술),
마늘(1작은술), 물엿(2작은술),
후춧가루(약간), 깨소금(1/2작은술)

1 우렁이살은 된장과 밀가루로 각각 주물어 씻어 끓는 물에 데치고,

2 오이는 돌려 깎기하고 무는 편 썰기 하여 1.5×1.5cm로 얇게 썰어
소금(1/3작은술)에 절인 후 물기를 짜고,

3 미나리는 손질해 2cm 길이로 썰고 풋고추와 붉은 고추도 반으로 갈라
씨를 빼서 사방 1cm로 자르고,

4 양념장을 만들어 우렁이살에 무친 뒤 손질한 재료를 넣어 버무리고
마무리.

양념공식 요리비결 우렁이살은 된장이나 밀가루로 주물러 씻으면
흙냄새와 비린내를 제거할 수 있다. 우렁이 대신에 골뱅이 등을 이용해
도 좋으며 중국 부추, 쑥갓과 그 줄기 등을 넣어도 맛이 잘 어울린다. 우
렁이살은 된장찌개에 넣어도 좋다.

새콤하고 쫄깃한

소라초무침

술상에 빠질 수 없는 안주 골뱅이무침! 조금 더 맛있고, 고급스러운 소라살로 만들어봐요.
매콤하게 즐겨도 좋고 소면 사리 만들어 두었다가 쓱쓱 비벼먹어도 좋고,
매력 만점 활용도 만점 소라초무침 만들어봐요!

재료   깐 소라살(150g), 오이(1개), 쑥갓(30g),
붉은 고추(1/2개), 풋고추(1개)

양념장 고춧가루(1큰술), 고추장(1큰술),
식초(1큰술), 설탕(1/2작은술),
마늘(1작은술), 생강(1/4작은술),
깨소금(1작은술), 참기름(1/2작은술)

1 깐소라살은 깨끗이 손질한 후 0.2cm 두께로 얇고 납작하게 편 썰기하고,

2 오이는 반을 갈라 씨를 빼고 어슷 썰고,

3 쑥갓은 손질하여 3cm 길이로 썰고,

4 붉은 고추, 풋고추는 어슷 썰어 씨를 털고,

5 양념장을 만들어 소라살에 무친 뒤 손질한 재료를 넣어 버무리고 마무리.

양념공식 요리비결 무침용 초고추장 양념장은 고춧가루 분량의 식초를 넣고 단맛과의 조화를 위해 식초의 1/2에 해당하는 설탕을 첨가한다. 윤기를 내기 위해 물엿을 넣기도 한다. 소라 대신 우렁이, 골뱅이 등에 부추, 깻잎 등을 넣어 무쳐도 맛이 잘 어울린다. 또한 소라를 이용해 피소라구이를 간단하게 만들 수 있다. 먼저 껍질 있는 피소라를 냄비에 넣고 물을 넣어 20분간 삶는다. 꼬치로 소라살을 빼내고 내장 및 분비물을 제거한 뒤 소금으로 비벼 씻어 편 썰기한다. 살을 빼낸 소라 껍질은 깨끗이 씻어 놓고, 소라살을 얇게 썰어 갖은 양념한 후 볶아서 다시 소라 껍질에 담아 마무리한다.

새콤달콤 보양 애피타이저

닭냉채

닭냉채는 입맛을 되찾아주는 보양식이죠.
쫄깃쫄깃 닭살에 갖은 야채가 들어가서 아삭아삭 식감도 좋아요.
고급스러운 음식이지만 재료만 있으면 난이도 별 하나!
입맛을 돋우는 한 그릇 만들어 보아요.

재료   닭(250g), 양파(50g), 오이(80g),
피망(1/2개), 빨간 파프리카(1/4개)

닭 삶는 재료   파(1/2대), 양파(1/4대), 마늘(3쪽),
생강(1톨)

겨자소스   설탕(2작은술), 소금(2/3작은술),
마요네즈(4큰술), 머스터드(1큰술),
식초(2작은술), 후춧가루(약간)

1   손질한 닭을 냄비에 넣고 닭 삶는 재료를 넣어 20여 분 삶아 살만 결대로
뜯어놓고,

2   양파는 손질하고 오이와 피망은 씨를 빼서 손가락 한마디 길이 정도로
길쭉하게 썰고,

3   빨간 파프리카는 피망과 같은 크기로 썰고 겨자소스를 만들고,

4   닭살과 손질한 재료에 겨자소스를 버무려 마무리.

양념공식 요리비결 금귤이나 체리 토마토를 0.3cm 두께로 편 썰기
하여 접시에 담기 직전 무쳐서 내기도 한다. 또한 셀러리를 넣어도 좋
다. 냉채소스는 닭국물이나 고깃국을 쓰지 않더라도 즉석에서 소스를
만들어 이용하면 좋다. 이때 물(1), 식초(1), 설탕(1), 소금(1/3)의 비율
로 조절하며 마요네즈로 농도를 맞춘다.

몸에 좋고 쫀득쫀득 맛있는
해물잣즙채

궁중에서만 먹던 최고급 한식요리를 집에서 즐겨요.
해물과 야채가 골고루 들어가 보양식으로 최고!
조물조물 잣즙에 무쳐 손님상에 내면 임금님 수라상 못지않다는 칭찬을 들을 수 있을 거에요.

재료 전복(1마리), 갑오징어(1/3마리), 새우(4마리), 깐 소라살(1개), 밤(3개), 대추(2개), 셀러리(30g), 오이(50g), 죽순(30g)

소스 재료 잣(4큰술), 육수(4큰술)

양념 소금(약간)

1 전복은 껍질을 떼어내고 솔로 박박 닦은 후 소금으로 주물러 씻고,

2 갑오징어는 껍질을 벗기고 몸통 안쪽에 0.3cm 간격으로 칼집을 넣고,

3 새우, 소라살은 내장을 떼고 해감한 후 깨끗이 손질하고,

4 냄비에 물을 끓여 손질한 해물을 살짝 데치고,

5 전복은 도톰하게 저미고 소라살은 모양을 살려 0.2cm 두께로 편 썰기하고,

6 새우는 껍질을 벗긴 뒤 반을 가르고 갑오징어는 1.5cm×4cm로 자르고,

7 밤은 3~4쪽으로 썰고, 대추는 돌려 깎기 하여 씨를 뺀 후 4~5쪽으로 썰고,

8 셀러리와 오이는 4cm×1.5cm로 얇게 썰고, 죽순은 빗살무늬를 살려서 오이와 같은 크기로 썬 뒤 끓는 물에 살짝 데치고,

9 해물과 야채를 체에 받쳐서 물기를 빼고,

10 소스 재료를 믹서에 넣고 갈아서 소금(약간)으로 간하고,

11 손질한 해물과 야채에 소스를 버무려 마무리.

양념공식 요리비결 잣즙소스(양념공식 32)를 활용한 것으로 고급 요리에 주로 이용한다. 껍데기를 벗긴 알맹이 잣을 실백이라고 한다. 실백과 같은 양의 육수를 믹서에 넣고 갈아서 소스를 만든다. 소스는 버무리기 직전에 소금으로 간하여 손질한 재료를 넣고 버무린다.

3

정으로 나누어 먹는
주요리

손님 초대의 주요리라고 해서 화려하거나 테크닉이 넘치는 요리일 필요는 없다.

포근한 정이 느껴지고 정성이 담긴 집밥 한 끼가 오히려 사람들의 마음에 와닿는 법.

만드는 이도 함께하는 사람도 부담 없이 편안하게 즐길 수 있는

따뜻한 식탁에서 잊을 수 없는 추억을 만들어보자.

넉넉하게 만들어 식탁에 빙 둘러앉아 나눠먹기에 좋은 주요리를 소개한다.

사 먹는 것보다 맛있는 홈메이드
갈비구이

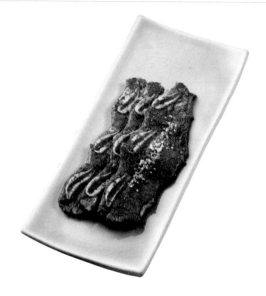

남녀노소 좋아하는 달콤 짭잘 한국 국민외식 갈비, 집에서 후딱 만들어 저녁상에 올려요.
건강한 재료를 갈아서 수제 양념에 재어두면 아이들 먹이기도 마음 놓이고,
마성의 단짠단짠에 부드럽게 씹혀 누구나 좋아해요.

재료	소갈비(400g), 잣가루(1작은술)
양념장	설탕(2큰술), 간장(3큰술), 참기름(2작은술), 청주(1큰술), 깨소금(1큰술), 후춧가루(약간), 양파(10g), 대파 줄기(1/2대), 배(10g), 마늘(20g)

1 소갈비는 기름기를 제거하고,
2 양파, 대파 줄기, 배, 마늘은 손질하여 큼직하게 썰고 물(2/3컵)을 부어
   믹서에 갈아 체에 밭치고,
3 믹서에 간 재료와 나머지 양념장 재료를 모두 섞고,
4 갈비에 양념장을 버무려 30분 재어두고,
5 갈비를 숯불에 구워 가지런히 그릇에 담고 잣가루를 뿌려 마무리.

양념공식 요리비결 육류는 핏물을 키친타월로 닦아내고 양념해야 구운 후 맛과 색이 좋다. 얇게 썬 불고기나 LA갈비는 자연 해동하고, 찜이나 조림을 할 때는 덩어리째로 일정 시간 물에 담가 핏물을 뺀 다음 사용한다. 숯불구이는 숯불을 피울 때 나오는 연기가 자연 조미료 역할을 한다. 숯에 있는 칼륨 성분이 고기에 있는 지방산을 중화해 독특한 맛을 내준다.

온 가족이 좋아하는 저녁특식

등갈비찜

어린아이, 어른들 다 모인 자리에는 모든 가족이 좋아하는 메인요리가 있어야죠.
누구나 좋아하는 특식 고기요리 등갈비찜. 부드럽고 짭조름한 등갈비는 따듯할 때 먹으면
고기에서 야들야들한 살이 잘 떨어져서 더 맛있어요.

재료   등갈비(400g), 양파(50g), 감자(100g),
당근(50g), 불린 표고버섯(2개),
청피망(1/2개)

등갈비 삶는 재료   생강(1쪽), 대파(1대), 마늘(3쪽),
통후추(1작은술), 된장(1큰술)

양념장   간장(4큰술), 설탕(3큰술),
생강(1/2작은술), 파(1큰술), 마늘(1큰술),
참기름(1작은술), 깨소금(2작은술),
후춧가루(1/8작은술), 물(2컵)

1   등갈비는 손질하여 기름기를 제거한 다음 물에 담가 핏물을 제거하고,

2   냄비에 물(3컵)과 생강, 대파, 마늘, 통후추, 된장을 넣고 끓으면 고기를 넣어 데쳐서 건지고,

3   양파는 폭 1cm로 썰고, 감자, 당근도 밤톨 크기로 썰어 모서리를 다듬고,

4   청피망은 손질하여 삼각 썰기하고, 표고버섯은 기둥을 떼고 반으로 썰고,

5   양념장을 만들고 등갈비에 양념장 반을 넣고 감자, 당근, 버섯을 넣어 센 불에서 끓이고,

6   어느 정도 간이 배면 양파와 나머지 양념장을 넣고 조리고,

7   국물이 거의 졸면 피망을 넣고 잠시 익힌 후 불을 끈 다음 그릇에 담아 마무리.

양념공식 요리비결 등갈비를 1차 손질 과정으로 삶을 때 배 껍질, 사과 껍질 등을 넣어 삶으면 육질이 한층 부드러워 진다. 부재료로 묵은 김치를 넣어도 별미며 특히 고추장, 고춧가루 등을 넣어 매운 맛으로 조리해도 좋다. 등갈비의 누린내를 없애기 위해 된장을 푼 물에 향신 양념인 파, 마늘, 생강 등을 넣어 삶아 내면 좋다.

노릇노릇 매콤하고 느끼함 전혀 없는

김치전

비 오는 날, 막걸리 마실 때, 추운 날 매번 생각나는 김치전.
신 김치 종종 썰어서 매콤한 양념 입혀 구워내 보아요.
밀가루가 얇아 김치 식감이 살아있어 좋고, 알싸한 풋고추 향이 퍼질 때도 좋아요.

재료 김치(150g), 오징어(50g), 양파(50g),
풋고추(1/2개), 대파(1/2대)

밀가루즙 밀가루(1/2컵), 다진 마늘(1/2작은술),
소금(1/4작은술), 참기름(1작은술),
후춧가루(약간)

김치 양념 다진 파(2작은술), 참기름(1작은술),
깨소금(1작은술), 후춧가루(약간)

1 김치는 물기를 짜고 곱게 다지고,

2 오징어, 양파, 풋고추, 대파는 손질하여 각각 잘게 다지고,

3 밀가루를 물(0.5컵)에 풀어 체에 받친 후 나머지 밀가루즙 양념을 모두
섞고,

4 김치에 김치 양념을 넣어 무치고,

5 김치, 손질한 오징어, 야채를 섞은 후 밀가루즙을 넣고 버무리고,

6 팬에 식용유를 두르고 한 숟가락씩 떠서 지지고 접시에 담아내 마무리.

양념공식 요리비결 프라이팬 가득하게 부친 김치전은 외국인들에게
한국식 피자로 알려져 있다. 특히 해산물을 넣어 만든 김치전은 구수한
맛이 일품이다. 전을 부칠 때 활용하는 밀가루즙(양념공식 21)의 응용

이다. 김치는 익은 김치를 활용하면 맛이 더 좋으며 씻지 말고 물기만
꽉 짜서 전을 부치면 맛이 개운하면서 간식거리로도 좋다. 짠맛을 줄이
기 위해 다진 양파, 대파 등을 넉넉히 넣으면 김치의 짠맛이 해소된다.

빨간 게딱지 위 온 가족의 행복

꽃게찜

밖에서 사먹으려면 비싸 망설여지지만, 집에서 만들어먹는 건 의외로 어렵지 않아요.
몸에 좋은 버섯, 당근과 함께 버무려진 게살을 딱지 위에 예쁘게 올려서 손님상으로도 좋아요.

재료 암꽃게(2마리), 연두부(100g), 붉은
고추(1/4개), 풋고추(1/4개), 달걀(1개),
밀가루(약간)

양념 파(2작은술), 마늘(1/2작은술),
생강(1/6작은술), 소금(1/2작은술),
참기름(1/6작은술), 깨소금(1/6작은술),
흰 후춧가루(약간)

1 꽃게는 딱지를 떼고 흐르는 물에 씻어 내장을 제거하고,

2 꽃게 몸통과 다리에 있는 살은 밀대로 밀어 발라내 다지고,

3 연두부는 물기를 제거한 뒤 체에 내려 으깨고 붉은 고추와 풋고추는
다지고,

4 달걀은 흰자, 노른자로 나누고 노른자로 지단을 부쳐
2cm×0.1cm×0.1cm로 채 썰고,

5 게살, 연두부를 달걀 흰자(2큰술)와 섞은 뒤 양념 재료를 모두 섞고,

6 게딱지 안쪽에 밀가루(약간)를 뿌리고 양념한 게살을 올리고,

7 김이 오른 찜통에 넣고 5~6분간 찐 뒤 다진 고추, 황색 지단 고명을
올리고 센 불에서 잠깐 찐 뒤 바로 불을 꺼 마무리.

양념공식 요리비결 꽃게찜을 할 때 대부분 게딱지는 버리고 몸통만 생강, 마늘, 소금에 재었다가 쪄 먹지만, 게딱지를 활용하면 게살을 파먹는 재미가 쏠쏠하다. 봄에는 암게, 가을에는 수게가 맛있다. 암수 구별 방법은 배 쪽에 삼각 딱지가 뾰족한 것이 수게, 둥근 것이 암게다. 속재료로 연두부를 사용하면 게살과 어우러졌을 때 훨씬 부드러우며 밀가루를 넣으면 살이 단단해지므로 달걀흰자로 재료를 섞는 것이 좋다.

바다의 향이 확 퍼지는

미더덕찜

오도독 씹으면 바다향이 확 퍼지는 미더덕을 콩나물, 미나리와 함께 찜으로 만들어서 먹어요.
칼칼하고 향 좋은 '우리네 맛'이 살아있는 미더덕 찜, 푹 쪄내 맛보세요.

재료 미더덕(200g), 콩나물(200g),
미나리(100g), 풋고추(2개)

양념장 붉은 고추(3개), 고춧가루(1큰술),
소금(1작은술), 파(1큰술),
마늘(2작은술), 참기름(1작은술),
깨소금(1큰술), 후춧가루(약간)

찹쌀가루물 찹쌀가루(2큰술), 물(2큰술)

1 미더덕은 소금물(물 2컵+소금 1작은술)에 씻어 체에 받치고,

2 콩나물은 머리와 꼬리를 떼어내고 미나리는 잎을 다듬어 깨끗이 씻어 4cm
길이로 썰고,

3 풋고추는 반을 갈라 씨를 빼고 4cm×0.5cm로 채 썰고,

4 붉은 고추는 믹서에 물(1/3컵)을 넣고 갈아 양념장 재료를 섞어 놓고,

5 열이 오른 팬에 식용유를 두르고 미더덕을 넣어 볶다가 물(1/2컵)과
콩나물, 양념장을 넣고 뚜껑을 덮어 익히고,

6 콩나물이 익으면 미나리와 풋고추를 넣어 익히고,

7 찹쌀가루물을 넣고 뒤적여 농도를 맞춰 마무리.

양념공식 요리비결 미더덕 대신에 황태포를 손질하여 전분을 입혀
지져내고 미더덕찜과 같은 방법으로 만들어도 별미다. 다만 황태포는
마른 재료이므로 육수를 넉넉히 넣어 활용한다. 붉은 고추가 없으면 고

춧가루를 넉넉히 넣어도 좋다. 이때 물(육수)을 1컵 정도 준비하여 콩
나물이 익을 때 양념장과 함께 넣으면 좋다.

담백하고 은은한 향과 맛

죽순찜

대나무 땅 속 줄기에서 돋아나는 죽순으로 맛있게 찜 요리를 만들어봐요.
어떤 부재료와 양념과도 맛있게 어울리기 때문에
정성스레 양념해서 담아내면 담백한 고급요리가 완성돼요.

재료	죽순(150g), 닭고기(50g)
밑간	파(1/4작은술), 마늘(1/4작은술), 소금(1/6작은술), 참기름(약간), 생강즙(약간)
양념장	설탕(1큰술), 간장(2큰술), 청주(1큰술), 마늘(1쪽), 생강(1톨), 마른 고추(1개)

1 죽순은 반으로 썰어 빗살무늬 속의 석회질을 깨끗이 씻어내고 키친타월로 물기를 닦고,

2 닭고기는 살로 준비하여 다져서 밑간하고,

3 죽순의 빗살무늬 속에 닭고기를 채워 넣고,

4 냄비에 손질한 재료와 양념장, 물(2/3컵)을 넣고 센 불에서 끓이다가 약한 불에서 졸이고,

5 먹기 좋은 크기로 썰어 접시에 담아내 마무리.

양념공식 요리비결 죽순은 봄에만 반짝 나오는 식재료이다. 떫은맛이 나므로 쌀뜨물에 삶아 용도에 맞게 썰어 말리거나 냉동시켜 사용한다. 죽순과 닭고기는 궁합이 잘 맞는 재료다. 간장으로 조리면 은은한 색이 나며 맛이 담백하다. 죽순은 말려서 나물로 요리하면 씹는 맛이 쫄깃하며 향수를 자극하는 음식이 된다.

탱글쫄깃 환상의 식감조합

대하산적

몸에 활력을 주는 건강 재료를 꼬치에 끼워 구웠어요.
탱글한 새우 살과 쫄깃한 줄기채소의 밸런스는 말 그대로 환상의 조합.
굽기 전부터 고소하고 달달한 향이 가득 풍겨 누구나 먹고 싶어 하는 요리가 완성 될 거에요.

재료	대하(4마리), 대파(1/3대), 아스파라거스(1줄기), 죽순(40g)
밑간	소금(1/4작은술), 마늘즙(1/4작은술), 참기름(1/4작은술), 후춧가루(약간)
양념장	설탕(1/2작은술), 간장(1큰술), 청주(2큰술), 마늘(1/4작은술), 파(2작은술), 참기름(1/2작은술), 깨소금(1/2작은술)

1 대하는 머리와 꼬리를 다듬고 등 쪽으로 칼집을 넣어 내장을 꺼내고 껍질을 벗긴 후 배 부분에 잔 칼집을 넣고 2등분하고,

2 손질한 새우를 밑간하고,

3 대파, 아스파라거스, 죽순을 4cm×1.5cm로 썰고,

4 아스파라거스는 끓는 물에 데친 후 대파, 죽순과 함께 센 불에서 볶고,

5 재료들을 꼬치에 꿰어 양념장을 발라가며 팬에 살짝 구워내 마무리.

양념공식 요리비결 몸집이 큰 새우를 대하라 하며, 단백질과 무기질 이 특히 많다. 대하는 살이 많고 맛이 좋아 고급 요리에 많이 이용하며 팬에 쿠킹호일을 깔고 바닥에 소금을 담은 후 올려 구워서 소금구이로 먹기도 한다. 또한 껍질을 벗겨 속살을 다져 양념하여 껍질에 다시 올려 쪄내면 대하찜이 된다.

특별하고 고급스러운

전복볶음

전복은 칼로리가 낮고 미네랄은 풍부해 다이어트 식품으로도 딱이에요!
브로콜리를 적당량 넣어 함께 볶아주면 색도 곱고 쫄깃아삭한 식감도 훌륭해요.

재료	전복(4개), 브로콜리(50g), 양송이버섯(2개), 풋고추(1/4개), 붉은 고추(1/6개)
양념장	간장(2큰술), 설탕(1큰술), 파(2작은술), 마늘(1작은술), 생강(1/3작은술), 후춧가루(약간), 물(2큰술)
양념	참기름(1/2작은술), 깨소금(1/2작은술)

1 전복은 껍질을 떼어내고 솔로 해감을 제거하여 0.3cm 간격으로 사선으로 칼집을 내고 다시 반대편으로 어슷 썰어 놓고,

2 브로콜리는 3cm 길이로 썰어 끓는 물에 데치고 양송이버섯은 편 썰고,

3 풋고추, 붉은 고추는 반으로 갈라 씨를 빼고 3cm 크기로 채 썰고,

4 팬에 식용유(1큰술)를 두르고 손질한 전복과 야채를 센 불에서 볶아 접시에 두고,

5 팬에 양념장 재료를 넣고 끓으면 전복과 야채를 넣고 뒤적이며 잠깐 볶고,

6 깨소금, 참기름을 넣고 마무리.

양념공식 요리비결 전복은 매우 귀한 식재료였으나 최근에는 양식으로 쉽게 구할 수 있다. 제주 지방에서 많이 나며 참전복, 큰전복, 말전복, 오분자기전복 등이 있다. 전복을 손질할 때 내장의 색이 진녹색이면 암컷, 황색이면 수컷이다. 또한 손질할 때 껍질에서 패주를 떼어낸 후 전복의 입을 떼어내고 양옆의 해감을 솔로 닦아 내야 비린내가 덜하다. 전복의 껍질을 깨끗이 씻어 소독하여 그릇처럼 이용해도 좋다.

우리 집을 베트남 하노이로

월남쌈

베트남 식당에 가면 몇만 원을 주고 먹어야하는 월남쌈을 냉장고에 있는 재료로 만들어봐요.
저칼로리 재료만 들어가서 다이어트에도 좋고
직접 취향대로 싸 먹는 재미도 있고 아이와 어른 모두 좋아해요.

재료 닭가슴살(1쪽), 칵테일새우(60g),
오이(80g), 당근(50g), 깻잎(5장),
파인애플(1/10개), 라이스페이퍼(10장)

닭 삶는 재료 파(10g), 마늘(1톨), 생강(3g), 물(2컵)

피시소스 까나리액젓(3큰술), 레몬즙(3큰술),
다진 파인애플(3큰술), 설탕(1큰술),
청홍고추(1큰술)

땅콩소스 땅콩버터(2큰술), 간장(2큰술),
식초(2큰술), 설탕(1큰술),
연겨자(1/2큰술)

1 닭가슴살은 끓는 물에 닭 삶는 재료를 넣고 삶아 건져 결대로 찢고,

2 새우는 꼬리를 떼고 편 썰기 하고,

3 오이는 표면의 가시를 제거하고 5cm로 썰어 돌려 깎기 하여
0.3cm×0.3cm로 채 썰고,

4 당근, 깻잎, 파인애플은 오이와 같은 길이로 채 썰고,

5 라이스페이퍼를 접시에 놓고 뜨거운 물(1/2컵)을 부어 부드러워지면 물을
따라내고,

6 피시소스와 땅콩소스를 각각 만들고,

7 손질한 재료를 라이스페이퍼에 올리고 돌돌 말아 소스를 곁들여 마무리.

양념공식 요리비결 밀쌈요리와 비슷한 월남쌈은 쌀가루에 물을 넣 고 반죽하여 팬에 구워 대나무 틀 위에서 말린 라이스페이퍼에 뜨거운 물을 부어 불려, 채 썬 채소들을 싸먹는 요리다. 쌀국수와 함께 대표적 인 베트남 요리로 담백한 맛이 특징이다.

한 여름 체온을 뚝 떨어뜨려 주는

메밀소바

흔히 볼 수 있는 인스턴트 소바 말고 정성이 가득 들어간 수제 메밀소바를 만들어봐요.
직접 가다랑어포와 재료를 섞어 만든 국물에 메밀면 푹 담가서,
또는 살살 적셔서 먹으면 시원한 메밀이 몸의 열기를 모두 가져갈 거예요.

재료	메밀국수(생면 200g), 쪽파(3큰술), 간 무(4큰술), 고추냉이(1큰술), 김(1/2장), 무순(5g)
소바국물	가다랑어포(10g), 다시마(1장=10×10cm), 양파(50g), 마늘(2쪽), 대파(1/3대)
양념	간장(1/2컵), 설탕(3큰술), 청주(2큰술)

1 냄비에 물(1컵)을 넣고 가다랑어포를 제외한 소바국물 재료와 양념을 넣고 끓이고,

2 끓어 오르면 중간 불에서 3~4분 정도 더 끓여 향신 양념이 국물에 우러나오도록 하고,

3 불을 끈 후 가다랑어포를 넣고 가라앉으면 체에 받치고,

4 쪽파는 송송 썰고 무는 강판에 갈아 건지를 물에 흔들어 체에 건져 물기를 짜 둥글게 만들고,

5 고추냉이는 같은 양의 찬물에 되직하게 개어 둥글 납작 모양을 만들고, 김은 썰어 놓고,

6 메밀국수는 끓는 물에 3~4분 삶아 찬물에 헹군 후 물기를 제거하고,

7 메밀국수를 그릇에 담고 쪽파, 간 무, 고추냉이, 김, 무순을 올리고,

8 소바국물에 물(1.5컵)을 섞고 메밀국수와 곁들여 마무리.

양념공식 요리비결 가다랑어포는 손질한 가다랑어를 삶아 훈연하여 말린 것이다. 일본요리의 육수를 내기 위해 다시마와 함께 대표적으로 사용한다. 가다랑어포의 분량은 물 분량의 1~4퍼센트 정도 사용하지 만 대체로 3퍼센트 정도면 충분하다. 많이 넣거나 오래 가열하면 생선 특유의 비린내가 나므로 주의한다. 또한 소바국물은 완성 후 3배의 물 을 넣어 희석하여 사용한다.

휘리릭 만드는 덮밥의 왕

마파두부

마파두부는 반찬으로도, 덮밥으로도 활용할 수 있어요.
두반장의 얼얼한 매운 짠맛과 고추기름의 칼칼한 맛, 구수한 굴소스에
두부와 돼지고기, 녹말가루만 있으면 간단한 양념만으로도 밥 몇 그릇 씩 비우게 될 거예요!

재료	두부(1/2모), 돼지고기(50g), 홍고추(1개), 피망(1개), 대파(1/2대), 마늘(2쪽)
밑간	청주(1/4작은술), 다진 마늘(1/4작은술), 다진 생강(1/4작은술), 후춧가루(약간)
양념장	설탕(1/2작은술), 간장(1큰술), 물(1컵), 두반장(1큰술), 굴소스(1작은술), 고추기름(2큰술)
녹말물	녹말가루(1큰술), 물(1큰술)
전체 양념	참기름(1작은술)

1 두부는 2cm×2cm로 썰어 소금(약간)을 뿌려 잠시 두었다가 물기를 제거하고 열이 오른 팬에 기름(1큰술)을 둘러 지지고,
2 돼지고기는 잘게 다져 밑간하고,
3 홍고추, 피망, 대파는 잘게 다지고 마늘은 얇게 썰고,
4 팬에 기름(1작은술)을 두르고 홍고추, 피망, 대파를 살짝 볶아 덜어 놓고,
5 팬에 고추기름(2큰술)을 두르고 얇게 썬 마늘과 밑간한 돼지고기를 볶고,
6 양념장 재료를 섞고 끓으면 지진 두부를 넣고 끓이고,
7 볶은 채소를 넣고 끓으면 녹말물(물 1큰술+녹말가루 1큰술)을 붓고,
8 국물이 걸쭉해지면 불을 끄고 참기름을 섞어 마무리.

양념공식 요리비결 두반장은 중국의 사천요리에 많이 쓰이는 소스다. 발효시켜 만든 누에콩에 고추를 굵직하게 갈아 넣었으며 우리나라의 고추장과 된장을 섞은 듯한 짠맛의 양념이다. 중국음식에 사용하는 매운 양념은 두반장과 고추기름(라유)이 있는데, 두반장은 고추기름에 비해 단맛이 적다. 매운맛과 풍미를 원할 때는 고추기름을, 산뜻한 매운맛을 원할 때는 두반장을 넣는다.

족발 보쌈과 찰떡궁합!

비빔막국수

막국수 드시려고 족발을 주문하신 적이 있다고요?
이제는 간단한 양념과 야채로 집에서 맛있게 만들어봐요. 각종 야채가 씹는 식감을 살려주고
깻잎이 향을 더하니 온 가족 함께 먹는 별미 요리로 최고에요.

재료　막국수(200g), 양상추(6장), 깻잎(6장),
적채(30g), 당근(50g), 오이(80g),
달걀(1개)

양념장　고춧가루(2큰술), 설탕(3큰술),
고추장(2큰술), 식초(3큰술),
청주(1큰술), 마늘(1큰술), 깨소금(1큰술),
참기름(1큰술), 발효겨자(1/2작은술)

1　양상추, 깻잎, 적채, 당근, 오이는 5cm×0.2cm로 채 썰고,

2　냄비에 소금을 넣고 달걀을 12분간 삶아 껍질을 벗겨 4등분하고,

3　막국수는 끓는 물에 삶아 찬물에 헹궈 사리를 만들고,

4　양념장을 만들어 차게 식히고,

5　접시에 손질한 야채를 돌려놓고 가운데 삶은 막국수를 담은 후 달걀과
양념장을 올려 마무리.

양념공식 요리비결 막국수는 메밀로 만들며, 메밀의 루틴 성분은 혈
압을 낮추는데 효과가 있다. 특히 메밀은 소염 및 해독 작용에 매우 좋
은 곡물이다. 그러나 메밀은 몸이 차거나 소화가 잘 안돼서 설사나 물
변을 보는 사람, 저혈압 환자, 위장이 약한 사람은 피하는 것이 좋다.

달걀의 녹변은 오래된 달걀일수록, 오래 가열할 때 잘 생긴다. 가열 시
난백의 황화수소가 난황의 철분과 결합하여 황화 제1철을 형성하여 생
기며, 억제하는 방법은 삶은 즉시 찬물에 담그면 다소 해소된다.

집에서 즐기는 명품 중국요리
칠리새우

잘 손질한 새우를 바삭하게 튀겨 케첩과 두반장소스로 즐기는 대표적인 고급 중국요리 칠리새우.
사먹는 것 보다 더욱더 바삭하게, 건강하게 즐길 수 있어요! 생각보다 쉽게 만들 수 있고,
재료가 저렴해 푸짐하게 만들어 온 가족 나눠먹기도 좋아요.

재료	새우(중하 8마리), 양파(50g), 빨간 피망(50g), 칠리(1개)
튀김옷	녹말가루(1컵), 물(1컵), 달걀(1개, 난백)
칠리소스	고추기름(3큰술), 다진 파(1큰술), 다진 마늘(1큰술), 토마토케첩(2큰술), 두반장(2큰술), 후춧가루(약간), 소금(2/3작은술), 식초(3큰술), 설탕(3큰술)
새우 밑간	소금(1/8작은술), 흰 후춧가루(1/16작은술), 녹말가루(2큰술)
녹말물	녹말가루(2큰술), 물(2큰술)

1 녹말가루(1컵)와 물(1컵)을 섞어 2시간 이상 불려서 윗물은 따라버리고 앙금만 남기고 계란 흰자를 섞어 튀김옷을 만들고,
2 새우는 머리, 꼬리, 껍질을 손질하고 길게 반으로 잘라 편 뒤 내장을 꼬치로 빼내고 꼬리 위쪽의 물주머니를 떼어내고,
3 키친타월로 새우의 수분을 제거하고 밑간한 뒤, 녹말가루(2큰술)를 뿌리고,
4 양파, 피망은 손질하여 2cm로 썰고 칠리는 곱게 다지고,
5 팬에 식용유를 두르고 양파, 피망을 볶아 놓고,
6 새우에 튀김옷을 입혀 180노에서 튀겨내고,
7 팬에 물(1컵), 소금을 넣고 칠리소스 재료를 넣어 끓이고,
8 끓어오르면 식초와 설탕을 넣고 녹말물을 넣어 걸쭉하게 되면 불을 끄고,
9 튀겨낸 새우와 채소를 접시에 담고 소스를 끼얹어 마무리.

양념공식 요리비결 깐쇼새우는 중국요리에서 튀긴 새우를 약한 불에 볶아 두반장, 간장 등의 소스가 스며들도록 조리한 것이며 매콤짭짤한 맛이 일품이다. 이와 달리 칠리새우는 같은 의미이지만 케첩이 들어가 새콤달콤한 맛이 특징이다. 칠리가 없으면 청양고추를 손질하여 굵게 다져 사용해도 좋다.

향긋한 버섯이 가득!

버섯덮밥

요리하기 귀찮을 때는 휘리릭 볶아 밥에 끼얹으면 되는 덮밥이 최고죠.
표고버섯과 팽이버섯을 소고기와 함께 볶아 맛있고 건강한 한 끼를 만들어봐요.

재료　생표고버섯(6장), 팽이버섯(1봉지),
　　　　소고기(200g), 양파(100g), 당근(50g),
　　　　대파(1개), 밥(2공기)

밑간　간장(2큰술), 설탕(1큰술), 다진 마늘(1/2큰술),
　　　　다진 파(1큰술), 참기름(2작은술),
　　　　깨소금(약간), 후춧가루(약간)

멸치육수　멸치(10마리), 다시마(1장=10×10cm),
　　　　마늘(2톨), 대파(1대), 청주(1큰술),
　　　　간장(1/2큰술), 소금(1/2작은술),
　　　　후춧가루(1/8작은술)

녹말물　녹말가루(2큰술), 물(2큰술)

1 생표고버섯은 기둥을 떼어낸 다음 굵게 채 썰고 팽이버섯은 밑동을
　자르고 가볍게 씻고,

2 소고기는 5cm 폭으로 채 썰어 밑간하고,

3 양파, 당근, 대파는 손질하여 4cm×0.3cm로 채 썰고,

4 멸치육수 재료와 물(2컵)을 넣고 끓여 체에 밭쳐 육수를 만들고,

5 녹말가루와 물을 섞어 녹말물을 만들고,

6 팬에 양파, 당근, 대파, 버섯, 양념한 불고기를 각각 볶아 접시에 담고,

7 팬에 육수, 간장, 소금을 넣고 한소끔 끓으면 볶아 놓은 재료를 넣어 잠시
　끓이고,

8 녹말물을 넣어 재빨리 저으면서 농도를 맞추고, 밥 위에 얹어 마무리.

양념공식 요리비결 버섯은 쫄깃하고 구수한 맛이 일품이다. 특히 에
르고스테롤, 구아닐산 등이 많은데, 에르고스테롤은 햇빛의 작용으로
비타민D로 변하며, 구아닐산은 버섯 특유의 감칠맛 성분을 낸다. 냉장
고에 있는 재료만으로도 훌륭한 덮밥을 만들 수 있다. 불고기덮밥, 오징
어덮밥, 제육덮밥 등이 있다.

4
—

산뜻한 여운을 남기는
음료와 주전부리

세계의 디저트를 어디에서나 쉽게 접할 수 있는 요즘, 결국 우리를 편안하게 해주는 것은
어렸을 때 즐겨 먹던 간식이다. 몸과 마음이 지쳤을 때 떠오르는 맛은 음식 이상으로
영혼을 달래준다. 우리나라 고유의 간식에는 우리네 추억과 문화가 담겨있다.
집에서 직접 간식을 만들어 먹는 사람들은 많지만
우리 간식은 만들기가 어렵다는 인식이 강하다.
하지만 우리 고유의 간식은 생각보다 어렵거나 많은 도구가 필요하지 않다.
출출할 때 혼자 먹어도 맛있고 온가족이 둘러앉아 함께 만들며
추억을 쌓을 수 있는 다양한 메뉴가 가득하다.

매화에 앉은 까치를 닮은

매작과

매작과는 매화꽃에 앉은 까치 모양과 비슷하다고 해서 이름이 붙여졌어요.
고소하고 바삭해서 계속 손이 가는 맛!
단순히 밀가루 과자가 아니라 더 고급스러운 맛과 모양이어서 어른들도 좋아해요.

재료	밀가루(1컵), 잣가루(1/2작은술)
시럽	설탕(1/2컵), 물(1/2컵), 계핏가루(1/2작은술)
양념	소금(1/3작은술), 청주(1큰술), 생강즙(1/2작은술)
튀김기름	식용유(2컵)

1 밀가루에 소금을 넣고 체에 내려 청주, 생강즙, 물(2큰술)을 섞어 반죽하고,

2 냄비에 설탕(1/2컵)과 물(1/2컵)을 넣어 휘젓지 않고 그대로 은근히 끓여 분량의 반이 되도록 졸인 다음 계핏가루를 섞어 시럽을 만들고,

3 잣은 고깔을 떼고 다져 잣가루를 만들고,

4 도마에 밀가루를 뿌리고 밀가루 반죽을 밀대로 0.2cm 두께로 밀어서 5cm×2.5cm로 자른 후 칼집을 넣어 끝을 가운데로 뒤집고,

5 열이 오른 기름에 반죽을 넣고 연갈색이 나도록 튀겨 시럽에 담갔다 건지고,

6 그릇에 가지런히 담고 잣가루를 뿌려 마무리.

양념공식 요리비결 시럽은 투명하고 맑게 만들어야 하며 끓이는 동안 젓지 않는 것이 핵심이다. 밀가루는 밀가루 단백질인 글루텐 함량이 13% 이상은 제빵용으로 쓰이고, 10% 이하는 주로 튀김용으로 쓰인다. 매작과를 튀긴 후 시럽에 담그면 색이 더 진해지는 것을 고려하여 튀긴 다. 가열한 기름에 젓가락을 넣었을 때 젓가락 표면에 보글보글 기포가 생기면 튀김에 적당한 온도이다. 또한 밀가루 반죽을 조금 떼어 튀김 기름에 넣었을 때 가라앉았다 바로 떠오른다면 튀김에 적당한 온도이다.

새콤달콤 빨간 맛

오미자화채

5가지 맛이 나는 열매라 하며 이름 붙여진 오미자.
빨간 열매를 화채로 만들어 하얀색 배꽃 동동 띄우면 건강에 좋은 오미자 화채 완성이에요.
항산화 성분이 풍부하게 들어 있어 젊음을 유지하는데 좋고 새콤달콤해 기운 없을 때 좋아요.

재료 오미자(4큰술), 배(1/6개), 잣(15알)
양념 꿀(1/2컵)

1 오미자는 깨끗한 알을 골라 키친타월로 닦고,

2 물(4컵)을 끓여 식히고,

3 오미자에 물을 부어 하룻밤 담가 우리고,

4 빨갛게 우러난 오미자 물을 체에 받쳐 화채 그릇에 담고,

5 배를 0.1cm로 얇게 포를 떠 화형으로 찍어내고,

6 오미자에 꿀을 넣고 배와 잣을 띄워 마무리.

양념공식 요리비결 꿀이 없으면 시럽을 만들어 사용해도 좋다. 설탕과 물을 같은 양으로 섞어 투명하게 끓여 반으로 졸아들면 불을 끄고 사용한다. 물과 오미자는 10:1의 비율로 섞어 맛을 우린다. 오미자는 2~3회 우려서 처음 우려낸 물과 섞어 쓰면 한층 더 맛이 부드럽다. 간혹 오미자를 끓이는 경우가 있는데 한약 냄새가 나므로 유의한다.

보랏빛 피로회복제

포도화채

여름 과일의 왕자! 포도를 끓여 시원한 화채를 만들어봐요.
시원하고 달달해 더운 여름에 얼음 동동 띄워 마시면 가슴까지 시원해지는 건 물론
포도당이 많이 들어 있어 피로회복에도 좋아요.

재료   포도(1kg), 배(1/4쪽), 잣(1작은술)
양념   시럽(1.5컵)

1   포도는 알알이 떼어 깨끗하게 씻어 놓고,

2   냄비에 포도를 넣고 물(15컵)을 넣고 끓인 다음 체에 거르고,

3   시럽을 넣어 간을 맞춘 후 차게 식히고,

4   배는 2cm×0.1cm로 채 썰고,

5   손질한 잣을 띄워 그릇에 담아내 마무리.

양념공식 요리비결 제철에 싸게 구입한 포도, 딸기 등을 씻어서 지퍼백에 소분하여 냉동실에 보관해 두면 필요할 때 요긴하게 쓸 수 있다. 냉동 상태로 물을 넣고 끓여 체에 걸러서 차게 식힌 후 찻잔에 담고 배, 딸기, 잣을 고명으로 올리면 계절 음료로 좋다. 또 진하게 끓인 과즙으로 과편을 만들면 아이들의 건강식으로도 좋다.

알알이 부러뜨려 먹는 전통과자

수제 오란다

명절에 한과 세트나 들어와야 먹을 수 있던 오란다.
딱딱한 알알이를 툭툭 부러뜨려 먹으면 입천장이 벗겨지는지도 모르고 즐거워했었죠.
이제 집에서 수제오란다를 만들어봐요. 취향에 따라 바삭바삭하고, 촉촉하게 완성시켜요.

재료   퍼핑콩(160g), 호박씨(3큰술),
흑임자(1작은술), 대추(5개), 유자청
건지(2큰술)

양념   설탕(4큰술), 물엿(4큰술),
계핏가루(1작은술),

1   대추는 돌려 깎아 살을 원 기둥 모양으로 만들어 둥글게 썰고,

2   냄비에 설탕과 물엿을 넣고 끓이다 설탕이 녹고 거품이 나면서 끓으면
불을 꺼 시럽을 만들고,

3   퍼핑콩, 호박씨, 흑임자, 대추(3개 분량), 유자청 건지를 넣고 나무주걱으로
시럽이 골고루 묻도록 섞고 계핏가루를 뿌리고,

4   준비된 틀에 두꺼운 비닐을 깔고 대추(2개 분량)를 고루 흩어 뿌리고,

5   오란다를 틀에 고루 편 후 공간이 생기지 않도록 밀대로 밀고,

6   잠시 식힌 후 4cm×2cm로 썰어 마무리.

양념공식 요리비결 물엿을 팬에 담고 설탕을 넣고 녹여 보글보글 끓
으면 바로 불을 끈다. 이렇게 해야 부드러운 오란다를 만들 수 있다. 여
름과 겨울은 기온이 다르기 때문에 시럽 농도를 달리 하는 것이 좋다.

한여름에는 실온에 보관하면 시럽이 녹아 풀어지므로 반드시 냉장 보
관하도록 한다.

아작아작 견과류의 왕으로 만드는

아몬드크런치

매일 먹는 마트표 과자 말고 직접 만든 간식으로 건강과 맛을 동시에 챙겨요.
5분이면 완성되는 간단한 건강간식! 몸에 좋은 견과류, 아몬드로 만들어서 몸에도 좋고
그냥 먹어도 좋고, 아이스크림이나 우유에 넣어 먹어도 맛있어요.

재료	아몬드(200g)
양념	설탕(4큰술), 버터(3g), 소금(약간), 물(4큰술)

1 팬에 물(4큰술), 설탕, 소금을 넣은 후 나무주걱으로 저어주고,

2 설탕물이 끓기 시작하고 표면이 방울처럼 되면 약한 불로 조절하고 아몬드와 버터를 넣고 계속 뒤적이며 볶고,

3 약한 불에서 설탕이 하얗게 아몬드에 결정체가 되어 달라붙으면 불을 끄고,

4 접시에 담아 식혀 마무리.

양념공식 요리비결 아몬드뿐 아니라 호두나 땅콩을 대신 이용하기도 한다. 아몬드크런치는 시럽을 만들 때 센 불에서 저으면 설탕이 타버리기 때문에 불의 세기에 유의 한다. 버터를 약간 넣으면 부드럽고 고소한 맛이 난다.

가을이 떠오르는 간식

밤초

그냥 먹어도 맛있는 밤을 달달한 설탕에 푹 조려 밤초를 만들어봐요!
마트에서 파는 시럽을 없앤 맛밤같죠?
쫄깃쫄깃 씹는 식감에 한 번 반하고 입안에 확 퍼지는 달달함에 두 번 반해요.

재료	밤(200g), 잣가루(1큰술)
시럽	설탕(50g), 물(1컵), 꿀(2큰술)

1 밤은 껍데기를 벗겨 물에 담가두고,

2 설탕물(물 1컵 + 설탕 50g)에 깐밤을 넣고 약한 불에서 조리고,

3 시럽이 거의 졸아들면 꿀을 넣어 약한 불에서 조리고,

4 잣가루를 뿌려 마무리.

양념공식 요리비결 깐 밤보다는 피밤을 구입하여 사용하는 게 좋다. 또한 밤은 껍데기를 벗겨 제 껍질이 있는 물에 담가두어야 빛깔이 변하지 않는다. 밤은 껍질을 벗기면 분량이 절반 정도 줄어들기 때문에 이를 고려하여 설탕을 계량해야 한다. 따라서 설탕 분량은 손질한 밤 무게의 1/2로 계량하며, 물은 밤 무게의 4배를 준비한다. 설탕을 처음부터 다 넣지 말고 조금씩 나누어 넣으며 조려야 윤기가 난다. 기호에 따라 계피가루를 넣기도 하며 꿀이 없다면 올리고당을 사용해도 무방하다.

임금님 드시던 그 간식 그대로

율란

율란은 궁중의 수라간 나인들이 임금님께 올리기 위해 만들었다는 대표적인 궁중 간식이에요.
한과는 만들기 어렵다는 생각은 이제 NO! 으깨고 예쁘게 빚기만 하면 임금 간식상 완성입니다!

재료 밤(300g), 꿀(20g), 계핏가루(3큰술)
반죽 양념 계핏가루(1/2작은술), 설탕(1.5큰술),
꿀(1/4작은술), 소금(1/4작은술)

1 밤은 씻어 물을 넉넉히 붓고 끓이다 삶아지면 남은 물을 따라내고 불을
약하게 하여 잠깐 뜸을 들이고,

2 뜨거울 때 속껍질까지 말끔히 벗겨서 굵은 체에 내리거나 절구에 찧고,

3 밤은 반죽 양념과 섞어 고루 주물러 반죽을 만들고,

4 밤 모양으로 빚어 밑동 부분에 꿀을 바르고 계핏가루를 묻혀 마무리.

양념공식 요리비결 밤을 물기 없이 삶아야 예쁘게 만들기 쉽다. 밤을 삶은 후 물을 따라내고 다시 뜸을 들이면 밤에 남아있는 수분이 제거된다. 삶아 으깬 밤을 반죽할 때는 반죽의 정도를 보아가며 꿀을 조금씩 넣어 반죽이 너무 질어지지 않게 하는 것이 비결이다. 또한 율란을 만들 때 마지막 밑동에 묻히는 계핏가루 대신에 잣가루를 묻혀 모양을 내기도 한다.

5장

세계인의 맛, 김치

김치를 담글 때마다 언제나 똑같은 걱정이 뒤따른다. 배추는 짜지 않게 절여졌
는지? 무채는 많지 않은지? 마늘과 고춧가루의 양은 적당한지? 젓갈의 양은
또 어떤지? 양념 속과 배추가 잘 익어서 맛은 괜찮은지? 김치를 맛있게 담그기
위해서는 재료 준비, 절이기, 양념하기의 삼박자가 잘 맞아야 한다. 양념공식
을 제대로 살려 김치 하나에 밥 한 그릇은 거뜬히 비울 수 있을 정도의 김치 맛
을 내보자.

1

김치 재료의 선택과
절이기 기본

우리 밥상에 매일 오르는 김치는 한국인에게 정말 중요한 음식이다.

사계절 내내 맛있는 김치를 즐기려면 좋은 재료를 고르는 법부터 배추를 절이는 방법과

젓갈을 선택하는 노하우까지 모두 살펴봐야 한다.

알맞게 버무려 최고의 맛을 내는 숙성 시점을 찾아내는 방법,

미묘한 차이를 내는 양념의 쓰임까지 김치에 관한 모든 것을 알아보자.

김치 재료 고르기

재료를 선택할 때는 흙에서 갓 뽑아낸 듯 한 재료를 고르는 것이 기본이다. 다음을 참고하여 좋은 재료를 구별하는 방법을 익혀보자.

배추
잎줄기가 얇고 속이 꽉 찬 중간 크기로, 푸른빛을 띠는 것이 맛있는 배추다. 보통 1포기당 1.5~2kg 정도의 무게가 나가는 것이 알맞은 크기며, 속이 꽉 차있는 결구 배추가 맛있다. 그러나 김장철에 나오는 배추는 포기당 3~5kg의 크기이다. 자를 때는 두 쪽 또는 네 쪽으로 자르며, 밑동에 칼집을 넣어 양손으로 사과 쪼개 듯이 잘라야 한다.

무
매끈하고 몸매가 고운 것으로 고르며, 김치 종류에 따라 무 선택이 달라진다. 무가 바람이 들었는지 알아보기 위해 무를 반으로 잘라 보는 방법도 있지만, 무청을 한 줄기 잘라 보아서 바람이 들었으면 무도 바람이 든 것으로 보면 틀림없다. 무채는 무를 얇고 둥글게 썬 다음 채 써는 게 좋다. 세로로 길게 채 썰면 섬유소가 긴 모양대로 남아서 소화에 좋지 않다. 또한 무채는 하루 전에 미리 썰어 두면 쓴맛이 생기므로 유의한다. 무는 절임배추의 무게의 10~20퍼센트 분량을 준비한다. 최근에는 무채를 적게 넣기도 한다. 사찰에서는 무의 일부를 믹서에 갈아 양념 재료로 사용하기도 한다.

고추
새빨갛고 윤기 나며 꼭지가 잘 마른 것으로 고른다. 재래종은 껍질이 얇지만 매운맛과 단맛이 강하다. 배추 중간 크기 1포기(2kg)에 고춧가루 1컵 정도로 기준을 정하고 기호에 따라 조절한다. 고춧가루는 젓갈을 넣는 김치에는 방부제 역할을 하기 때문에 꼭 넣어야 한다. 고춧가루를 멸치젓국에 미리 풀어 놓고 사용하면 고춧가루가 불어나서 색이 고와진다.

소금 소금은 호렴, 재제염 두 가지 모두 필요하며, 특히 호렴은 간수를 뺀 것일수록 맛있다. 배추나 무 등을 절일 때는 호렴을 쓰고, 김치를 담가 간을 맞출 때는 일반적으로 재제염을 쓴다. 또한 배추에 소금을 뿌려서 절이는 것보다 배추가 잠길 정도의 물을 준비하여 소금을 잘 푼 다음에 배추를 넣어 절이면 고르게 절여진다. 소금물의 농도는 물(10), 소금(2)의 비율로 맞추면 좋다. 물에 소금을 모두 풀지 말고 소금의 1/4 정도는 절일 때 줄기에 뿌려 주면 더욱 고르게 절여진다.

마늘 수분 함량이 적고 매운맛이 많이 나는 밭마늘이 좋다. 물에 담가 두었다가 껍질을 벗기면 손쉽게 잘 벗겨지지만 매운맛이 다소 감소되는 단점이 있다. 뿌리 쪽의 딱딱한 부분은 소화에 좋지 않으므로 떼어 내고 사용한다. 딱딱한 부분은 버리지 말고 육수를 끓일 때 활용하면 좋다.

파 중간 정도의 크기와 잎이 부드러운 것이 좋다. 파김치를 담글 때는 쪽파(실파)를 쓰는 것이 좋고, 대파는 줄기 부분을 어슷 썰어 양념으로 사용한다.

갓 톡 쏘는 맛이 독특한 갓은 붉은 갓과 푸른 갓이 있다. 갓을 고를 때는 줄기가 연하고 싱싱한 것을 고르도록 한다. 배추김치를 담글 때는 보통 붉은 갓을 넣지만 동치미나 백김치를 담글 때는 색이 우러나지 않는 푸른 갓이 좋다.

양파 양파는 윗부분이 솟은 동그란 모양과 납작한 모양의 두 가지가 있다. 김장 양념으로는 매운맛이 강한 납작한 양파가 좋다.

생강 국물에 시원한 맛을 내는 생강은 황토 흙에서 재배한 것이 좋다. 오래 두고 먹을 김치는 생강을 거의 넣지 않고 마늘을 많이 넣어 담그고, 깍두기에는 생강을 적게 넣는 것이 좋다.

미나리 상큼한 맛의 미나리는 줄기가 짧고 통통하고, 붉은 빛깔을 띠며 잎이 무성하고 연한 것을 골라야 한다.

젓갈 김장에 사용하는 대표적인 젓갈로는 새우젓, 멸치젓, 황새기젓, 까나리젓, 갈치 젓 등이 있다. 새우젓은 6월에 담는 육젓, 5월에 담는 오젓, 가을에 담는 추젓이 있으며 김장용으로는 육젓이 가장 좋다. 멸치젓은 살이 붉으면서 은빛이 나고, 푹 곰삭아서 뼈만 남고 담홍색 국물인 것, 비늘이 없고 비린내가 나지 않는 것이 좋다. 젓갈은 염도가 각각 달라 필요량을 정하기가 쉽지 않다. 그러나 비교적 간 이 알맞은 젓갈인 경우, 배추 2포기당 젓갈 1/2컵을 준비하면 좋다. 새우젓도 같 은 비율로 하여 염도가 3퍼센트 정도 되면 간이 알맞은 맛있는 김치가 된다.

풀 찹쌀풀, 밀가루풀, 돼지감자가루풀, 고구마 전분풀 등을 활용한다. 김치에 풀을 넣는 이유는 채소의 풋내를 없애고, 김치가 익을 때 단맛이 나도록 하기 위함이 다. 김치에 풀을 넣으면 추운 지방에서는 좋으나, 기온이 높은 지역에서는 오히 려 빨리 발효되므로 찹쌀풀을 너무 많이 넣지 않도록 한다. 찹쌀풀을 쑬때의 비 율은 부피비로 하면 찹쌀가루(1)와 물(3)이 적당하다. 이것을 무게비로 측정하면 찹쌀가루(1)과 물(10)의 비율이다.

2

김치 만들기의
정석

김치는 채소와 양념이 어우러지면서 발효되어 몸에 좋은 유산균이 자라난다.

이 유산균은 부패균과 같은 나쁜 미생물이 자라지 못하게 한다.

김치를 발효시키는 데에는 소금, 마늘, 고추, 설탕 등 기본양념이 매우 중요하다.

맛있는 김치의 비결

완성된 김치가 너무 짠맛이 강하면 생 무를 큼직하게 썰어 김치 포기 중간 중간에 박아 놓는다. 빨리 익히기를 원하면 오이를 같은 방법으로 넣는다. 오이는 유산균 촉진 효과가 있어 짠맛도 희석해주고 오이 자체도 쉽게 익어 맛이 잘 어우러지는 반면, 김치가 쉽게 시어지는 원인이 된다. 양파 즙은 김치가 익으면서 단맛을 상승시키며 젓갈의 비린 맛을 제거하고 소금에서 나오는 쓴맛을 제거하는 등 천연양념 역할을 톡톡히 한다. 또한 단맛을 내는 배는 너무 많이 사용하지 않도록 한다.

모든 김치를 절일 때는 굵은 소금을 사용하며 간은 젓갈로 하되 부족한 간은 꽃소금으로 맞춘다. 풀은 일반적으로 찹쌀 풀을 사용하지만 콩이 포함된 잡곡밥을 이용한 풀을 쑤어 사용하면 단백질의 효과를 증진시킨다. 육수나 물 5에 잡곡밥 1정도를 넣어 끓여 입자가 보이지 않을 정도로 만든다. 농도는 국자에 떠서 주르륵 흐르는 정도가 좋으며 야채의 풋내를 없애고 담근 후 윤기를 더해준다. 바로 담가서 먹을 김치의 경우 찹쌀 풀에 칼륨이 풍부한 고구마전분을 10퍼센트 정도 섞으면 고구마의 칼륨으로 인해 김치의 나트륨 함량을 줄일 수 있다. 최근에는 돼지감자 가루를 이용하여 풀을 쑤어 김치를 담그면 김치의 발효를 저지하는 효과가 있어 매우 건강기능식품으로 인정받고 있다.

재료 선택 일반적으로 무채를 비롯하여 미나리 등 푸른색 채소가 들어가는 속 재료를 많이 하면 지저분하다하여 많이 넣지 않으려는 경향이 있다. 이 때는 무의 일부는 갈아서 속 양념을 만들고 나머지 무채와 섞어 양념을 한 후에 배추에 바르듯이 하여도 좋다. 무는 절임배추의 10~20퍼센트 정도를 계량하여 준비한다.

마늘과 생강은 항균작용으로 김치의 발효균을 억제하는 역할을 하므로 향신 양념은 전체적으로 절임배추 무게의 5퍼센트 정도로 계량하면 좋다. 마늘은 2센트, 생강은 마늘의 1/3정도로 계량하며 양파는 마늘보다 조금 더 많이 넣는다.

재료 손질

쪽파, 대파, 미나리, 갓 등 푸른색 채소는 손질하여 두었다가 고춧가루와 젓갈을 비롯한 무채의 양념이 골고루 섞인 후 마지막에 넣고 버무려야 채소의 풋내가 나는 것을 다소 방지 할 수 있다. 푸른색 채소는 절임배추 무게의 10~15퍼센트 정도 준비 하면 좋다.

젓갈 선택

젓갈은 어패류에 있던 효소들이 근육이나 내장의 주요 성분인 단백질을 분해해 독특한 맛을 낸다. 오래두고 먹을 김장인 경우는 굴을 넣지 않으며 멸치젓과 새우젓은 보통 2 : 1 정도로 섞는 것이 좋다. 새우젓 외에도 황석어젓, 갈치젓을 넣기도 한다. 특히 해산물은 필수로 생새우를 넣지만 오징어, 낙지, 새우 등을 넣으면 단백질 효과가 배가되어 좋다. 특히 대하를 껍질째 갈아 넣어 김치를 담그면 껍질의 키토산 성분이 젖산 발효를 저지 하는 효과를 나타낸다. 젓갈은 절임배추 무게의 5퍼센트 정도 준비한다.

김치 보관

김치는 절이기, 양념하기, 보관하기의 3박자가 잘 맞아야 한다. 김치를 아무리 맛있게 담았다 하더라도 보관을 잘못하면 상해 버리므로 가능한 공기의 접촉을 피하도록 꼭꼭 눌러 담아야 한다. 온도에 따라 차이가 있지만 김치를 담아 보관하다보면 산성 물질인 젖산이 생긴다. 발효된 김치의 신맛은 젖산 때문이다. 염기성인 새우 껍질을 가루로 만들어 김치를 담글 때 넣으면 젖산을 억제하여 김치를 시지 않게 보관할 수 있다.

3

양념공식으로 담그는
김치와 저장음식

주재료는 물론 김치에 들어가는 양념 하나하나 정확하게 계량해야
맛있는 김치를 만들 수 있다.
김치를 처음 담가보는 초보자도 쉽게 만들 수 있는 간단 김치부터
다양한 종류의 건강하고 맛있는 저장음식의 양념공식을 공개한다.

김치의 기본
통배추김치

배추김치는 우리 식탁의 가장 기본이 되는 김치에요.
넉넉히 담아서 저장해두면 사철 맛있게 먹을 수 있고 푹 익으면 김치찜, 김치찌개 등으로 활용할 수도 있어서
매력만점 든든한 냉장고 지킴이입니다!

재료
배추(2포기, 6kg), 무(400g),
쪽파(100g), 미나리(100g), 대파(40g),
대하(100g), 생새우(100g), 마늘(80g),
양파(30g), 생강(25g),

양념
찹쌀가루(1/3컵), 새우젓(1/2컵),
멸치액젓(1/2컵), 고춧가루(200g),
설탕(1큰술), 소금(약간)

1 배추는 밑동을 나듬고 반으로 쪼개 소금물(물 10컵+소금 1.5컵)에
6~8시간 절이고,

2 줄기 사이에 소금(1/2컵)을 뿌려서 잎과 줄기가 고루 절여지도록 하고,

3 절인 배추를 건져서 씻어 물기를 빼고 찹쌀풀(찹쌀가루 1/3컵+물 2컵)을
쑤어 식히고,

4 무는 5cm×0.2cm로 채 썰고,

5 쪽파, 미나리는 손질하여 4cm 길이로 썰고, 대파는 같은 길이로 어슷 썰고,

6 대하는 긴 수염과 물주머니를 잘라내고 껍질 채 큼직하게 썰고, 생새우는
가볍게 씻고,

7 마늘, 양파, 생강은 손질하여 씻고 생새우와 함께 믹서에
멸치액젓(1/2컵)을 넣어 곱게 갈고,

8 새우젓은 다지고 고춧가루를 풀어 갈아 놓은 재료와 찹쌀풀을 버무리고,

9 무채에 양념한 찹쌀풀을 비무린 후 손질한 새소를 넣어 설낭, 소금으로
간하여 김칫소를 만들고,

10 배추 사이에 김칫소를 넣고 배춧잎으로 감싸고 마무리.

양념공식 요리비결

김치에 새우 등 갑각류를 껍질채 갈아 넣으면 김치를 오래 보관할 수 있으며 조직이 덜 물러진다. 무채는 절임배추 무게의 10~20퍼센트로 준비하고, 부재료로 이용되는 갓, 미나리, 쪽파, 대파 등 녹황색 채소는 절임배추 무게의 10~20퍼센트를 준비한다. 오이, 당근 등은 비타민C 를 파괴하는 효소가 있어 김치 재료로 좋지 않다. 여름에는 반나절, 겨울에는 하루 정도 실온에서 익힌 뒤 냉장고에 넣는다.

시원하고 깔끔한 국물 맛
백김치

상큼하게 입맛을 살리고 텁텁한 입안을 정리해주는 백김치!
아삭하면서 시원한 맛에 중독되신 분들 많으시죠? 넉넉하게 담가뒀다가 시원한 국수를 말아 먹어도 좋고,
고기를 싸먹어도 담백하고 맛있어요.

재료   배추(1포기), 무(100g), 깐 생굴(100g),
미나리(30g), 쪽파(30g), 갓(30g),
배(100g), 밤(3개), 대추(3개),
표고버섯(2장), 석이버섯(3장), 파(1대),
마늘(1통), 생강(1톨), 실고추(3g)

양념   설탕(1작은술), 새우젓(1/2컵),
소금(1/2작은술)

백김치 국물   물(2컵), 소금(1/2작은술)

1   배추는 반으로 갈라 소금물(물 5컵+소금 1컵)에 6~8시간 절이고,
2   무는 채 썰고 깐 생굴은 소금물에 흔들어 씻어 체에 밭치고,
3   미나리, 쪽파, 갓은 깨끗이 씻어 3~4cm로 자르고,
4   배와 밤은 껍데기를 벗겨 채 썰고, 대추는 돌려깎기하여 채 썰고,
5   표고버섯, 석이버섯은 불려서 손질하여 채 썰고,
6   파, 마늘, 생강은 다지고, 실고추는 2cm 길이로 짧게 끊어 놓고,
7   손질한 재료와 양념 재료를 모두 넣어 백김치소를 만들고,
8   배추 사이에 백김치소를 넣고 배춧잎으로 감싸고,
9   소금물(물 2컵 + 소금 1/2작은술)을 부어 마무리.

양념공식 요리비결

백김치는 고춧가루를 넣지 않은 대신 갖은 재료로 맛을 낸 김치다. 특히
이북식으로 황태를 넣고 파, 마늘, 다시마 등을 넣어 끓여 체에 밭쳐 육
수로 사용하면 한층 시원하면서 깊은 맛이 난다.

국물요리와 먹으면 매력 만점

깍두기

제철 맞은 무로 아삭아삭 맛있는 깍두기를 담가 봐요.
씹을 때마다 매콤한 고춧가루 양념과 시원한 무 국물이 잘 어울리고 음식 간을 조절해 입맛을 돋궈주죠.
특히 국물요리와 함께 먹을 때 맛은 두 배! 뜨끈한 국물에 깍두기 한 그릇 곁들여 드세요.

재료 무(200g, 소금 2큰술), 미나리(30g),
쪽파(50g)

양념 새우젓(1큰술), 고춧가루(3큰술),
소금(1/4작은술), 설탕(1작은술),
마늘(20g), 생강(1/2톨)

1 무는 손질하여 씻고 2cm×2cm로 깍둑 썰기하고 굵은 소금(2큰술)을 고루
뿌려 절인 후 체에 건져놓고,

2 미나리와 쪽파는 다듬어 씻어 4cm로 썰고 마늘과 생강은 곱게 다지고,

3 새우젓은 잡티를 골라내고 건더기만 건져 곱게 다지고,

4 손질한 무에 마늘 등의 양념을 넣어 버무리고,

5 미나리와 쪽파를 섞어 버무려 용기에 담아 마무리.

양념공식 요리비결

깍두기는 무를 씻어 껍질 째 담아야 영양분이 좋다. 김장철에 나오는 무
는 특히 단맛이 좋고 수분이 덜하여 오래 두고 먹을 수 있다. 무생채나
무김치를 만들 때 단단한 재래종 무로 김치를 만들면 수분이 덜 나와

바로 고춧가루를 버무려 양념해도 되지만, 물이 많이 나오는 무는 썰어
소금에 절여 수분을 빼고 버무려야 양념이 씻기지 않고 무의 조직이 덜
물러져 아삭하다.

1석 2조! 다양한 맛을 즐길 수 있는
총각무김치

시원한 무와 아삭아삭 무청을 동시에 먹을 수 있는 총각무김치.
잘 담그기만 하면 라면하고도, 흰 밥 하고도 어디에나 잘 어울려서 든든한 메인 김치로 활용할 수 있어요.

재료   총각무(2kg), 쪽파(80g)

양념   멸치젓국(1/2~1컵), 고춧가루(1.5컵),
찹쌀풀(1/2컵), 설탕(2큰술), 소금(약간),
파(1대), 마늘(1통, 30g), 생강(1톨)

1   총각무는 겉잎을 떼어내고 깨끗이 다듬어 반으로 쪼개고,

2   소금물(물 3컵 + 소금 1/2컵)에 총각무를 3~4시간 절인 후 씻어 건지고,

3   파, 마늘, 생강은 다지고 쪽파는 3cm로 썰고,

4   멸치젓국에 고춧가루를 고루 풀고 찹쌀풀을 섞고 파, 마늘, 생강, 설탕,
소금을 넣어 양념을 만들고,

5   총각무를 양념과 가볍게 버무리고 쪽파를 섞어 항아리에 담아 마무리.

양념공식 요리비결

총각무는 '알타리 무'라고도 하며 사각사각 씹히는 맛이 일품이다. 총각
무는 잎이 너무 무성하지 않고 크지 않으며 뿌리가 잘고 잔털이 없고
밑이 둥근 것이 맛이 좋다. 씻거나 버무릴 때 살살 다루어야 풋내가 나

지 않으며, 찹쌀풀을 넣으면 풋내를 없앨 수 있다. 최근에는 '무타리'라
하여, 알타리 무보다 무의 크기가 큰 종류가 새롭게 판매되고 있다. 무
타리를 이용하여 식감이 좋은 알타리 김치를 만들기도 한다.

매콤 시원한 여름 김치

오이소박이

선풍기 바람 솔솔 불고 시원한 오이 한입 깨물고 싶은 날.
매콤한 고춧가루 양념에 버무린 오이소박이 만들어 밥 한 숟가락 넣고 와작 깨물어 먹으면
여름이 입안에 가득 퍼질 거예요.

재료   오이(1kg, 5개), 대추토마토(10개),
부추(80g), 쪽파(50g)

오이소 양념 새우젓(3큰술), 고춧가루(4큰술),
소금(약간), 설탕(2작은술), 마늘(3큰술),
생강(1톨)

오이 절이는 물 물(2컵), 소금(2큰술)

1 소금으로 오이의 표면을 문질러 씻은 후 4cm로 자르고,

2 밑 부분을 1cm 정도 남기고 열십자로 칼집을 넣어 소금물에 1~2시간 절이고,

3 토마토는 꼭지를 떼어 길게 반으로 가르고,

4 부추와 쪽파는 잘게 썰고 마늘, 생강, 새우젓을 다져 넣고, 고춧가루와 설탕을 넣어 살살 버무려 오이소박이소를 만들고,

5 절인 오이를 가볍게 씻어 물기를 짠 뒤 우이소 양념을 칼집 사이에 넣고,

6 남은 오이소박이소와 토마토를 버무려 오이와 섞어 용기에 꾹꾹 눌러 담고,

7 소를 버무린 그릇에 물(4큰술)을 넣어 양념을 씻은 후 소금(약간)을 넣고 오이를 담은 용기에 붓고 마무리.

양념공식 요리비결

오이는 물기를 꽉 짠 뒤에 속을 넣어야 오돌오돌 씹히는 맛이 있다. 담아서 즉시 먹어도 무방하므로 젓갈을 넣지 않아도 된다. 소박이용 오이는 백다다기를 써야 좋다. 오이는 작은 것으로 구입하는 것이 좋으며 1kg에 작은 것은 10개, 큰 것은 5개 정도이다.

쉽게 만들어 빠르게 먹는

나박김치

김치는 담그기 어렵고 시간이 오래 걸린다는 건 편견!
채소만 타다닥 썰어 양념 국물 속으로 부어주면 끝.
레시피대로만 따라하면 실패 없는 나박김치 완성입니다!

재료 무(250g, 소금 1.5큰술), 배추(500g, 소금 1.5큰술), 배(50g), 양파(50g), 붉은 고추(1개), 미나리(20g)

양념 고춧가루(3큰술), 소금(3큰술), 파(20g), 마늘(3쪽), 생강(1톨)

1 무와 배추는 깨끗이 손질해 2.5×2.5cm로 나박 썰기하여 각각 소금에 살짝 절이고,

2 배와 양파는 껍질을 벗겨 무와 같은 크기로 썰고,

3 파의 줄기, 마늘, 생강, 붉은 고추는 3cm×0.1cm로 채 썰고,

4 미나리는 잎을 떼어낸 후 줄기만 3cm 길이로 썰고,

5 무, 배추를 헹구어 내고 손질한 야채를 골고루 섞어 버무린 후 항아리에 담고,

6 재료를 버무렸던 그릇에 물(10컵)과 소금(3큰술)을 넣어 풀고 고춧가루를 헝겊에 싸서 흔들어 붉은색을 낸 후 항아리에 부어 익히고 마무리.

양념공식 요리비결

나박김치를 담글 때 무, 배추를 소금에 절여 양념에 버무리고 난 다음에 소금 국물을 부어야 무, 배추가 무르지 않고 아삭하다. 또한 설탕을 넣으면 국물이 맑지 않기 때문에 가능한 배를 이용하도록 한다. 베주머니 에 양파, 배를 넉넉히 넣고, 대파, 마늘, 생강 등을 큼직하게 썰어 담아 항아리에 넣고 함께 익히면 한층 국물 맛이 시원하다. 특히 열무 물김치 에는 밀가루풀물, 돼지감자가루 풀 등을 사용하면 더 맛이 시원하다.

향긋하고 알싸한

파김치

덜 익었을 때는 코끝을 때리는 쪽파 향이 좋고,
푹 익으면 새콤달콤한 맛이 일품이에요. 흰 밥, 라면 어디에나 잘 어울리는 김치라
한 통 푹 담가 두면 여러 요리에 어울려 식탁에 올릴 수 있을 거예요.

재료	깐 쪽파(500g), 소금(1/2컵)
양념	멸치젓국(1/2컵), 고춧가루(2/3컵), 찹쌀풀(1/2컵), 설탕(1큰술), 마늘(1큰술), 생강(1/2작은술)

1 쪽파는 깨끗이 다듬어 씻어 소금(1/2컵)에 1시간 정도 절인 다음 씻어
   건지고,

2 멸치젓국에 고춧가루를 풀고 마늘, 생강, 찹쌀풀, 설탕을 섞어 김치 양념을
   만들고,

3 쪽파에 김치 양념을 넣어 고루 버무린 뒤 쪽파를 2~3개씩 말아서 항아리에
   꼭꼭 눌러 담아 마무리.

양념공식 요리비결

쪽파는 살이 연해 짧은 시간에 절여지기 때문에 소금물을 만들지 않고
파에 소금을 바로 뿌려 절인다. 손질한 쪽파에 멸치젓국을 넣으면 절여
지면서 파에서 수분이 나오기 때문에 그 국물을 따라내어 여러 양념을
섞어 파김치를 담기도 한다. 쪽파와 실파는 뿌리의 형태가 다르다. 쪽파

는 실파보다 매운맛이 더 강하며 파김치, 파전, 파강회 등에 사용한다.
실파는 진액이 많지 않아 양념장을 만들거나 국물의 고명에 주로 사용
한다.

동해바다 별미 바다음식

가자미식해

가자미식해는 가자미를 삭혀서 만든 함경도 향토음식으로, 강원도와 경상도에서도 즐겨먹는 음식이에요.
발효과정에서 뼈가 삭아 식감이 좋아져요.
매콤하고 쫄깃한 가자미식해가 있으면 한 그릇 뚝딱 비우게 될 거예요.

재료	참가자미(1kg, 소금 20g), 무(200g, 소금 1작은술), 실파(100g), 메조(1컵)
엿기름물	엿기름(100g), 따뜻한 물(3컵)
양념	마늘(30g), 양파즙(1/4컵), 생강즙(2작은술), 고춧가루(1.5컵), 설탕(2작은술), 청주(2큰술), 소금(2큰술)

1 손바닥 크기의 참가자미를 골라 머리, 꼬리, 내장을 제거하고 비늘을 긁어 깨끗이 씻은 후 소금(20g)을 뿌리고,

2 바람이 잘 통하는 서늘한 곳에서 꾸덕꾸덕 해지도록 하루 동안 말리고,

3 가자미를 뼈째 4cm×0.3cm로 고르게 채 썰고,

4 무는 4cm×0.3cm×0.3cm로 썰어 소금(1작은술)에 절인 후 물기를 꽉 짜고,

5 실파는 손질하여 길이 1cm로 잘게 썰고,

6 메조를 씻어 고슬고슬하게 밥을 짓고,

7 엿기름은 따뜻한 물(3컵)에 불려 2~3회를 비벼 씻은 후 3~4시간 담갔다가 엿기름웃물(1.5컵)을 받아놓고,

8 받아놓은 엿기름웃물을 10분 끓인 뒤 식혀서 엿기름물(1컵)을 준비하고,

9 엿기름물에 양념 재료를 섞고 손질한 재료를 넣어 버무린 후 항아리에 꼭꼭 눌러 담고,

10 실온에 하루 두었다가 냉장고에 넣어 하루 재워서 마무리.

양념공식 요리비결

가자미를 1차 손질할 때 식초나 막걸리에 재우면 부드러워져 뼈 채 먹을 수 있기 때문에 칼슘 섭취에 매우 효과적이다. 또한 엿기름이 들어가 소화가 잘 되며 싱겁지도 짜지도 달지도 않은 것이 씹으면 씹을수록 고소하고 감칠맛이 난다. 가자미식해가 발효되면 새콤하고 독특한 맛이 난다. 가자미 대신에 조기나 명태, 도루묵 등을 이용하기도 한다.

일 년이 든든한 식탁 지킴이

마늘장아찌

마늘이 있는 식탁은 약국보다 낫다는 말이 있죠.
장아찌로 담구면 알싸한 향이 새콤 달달하게 어우러져 입에노, 건강에도 완벽한 밑반찬이 완성될 거예요.
싱싱한 햇마늘 저렴할 때, 장아찌 맛있게 담아 두면 1년 내내 든든한 밥반찬이 될 거예요.

재료   깐 마늘(2kg), 마른 고추(3개)
1차 삭히는 양념   물(3컵), 식초(3컵)
2차 양념   삭힌 식촛물(3컵), 설탕(2컵), 간장(3컵),
소금(2큰술)

1   마늘은 연한 것을 골라 껍질을 벗겨내 깨끗이 씻어 물기를 없애고,

2   마늘을 항아리에 담아 식촛물(물 3컵 + 식초 3컵)을 섞어 붓고,

3   무거운 돌로 눌러 1주일 실온에서 삭히고,

4   삭힌 마늘을 체에 밭쳐 식촛물과 마늘을 따로 구별해 두고,

5   식촛물에 설탕, 간장, 소금을 넣고 마른 고추를 넣어 끓여 식히고,

6   따로 구별해 둔 마늘에 붓고 마늘이 떠오르지 않도록 무거운 것으로
눌러고,

7   한 달 후 마늘에 맛과 색이 배어들면 접시에 담아 마무리.

양념공식 요리비결

마늘은 논마늘과 밭마늘로 구분하는데, 장아찌용은 알이 단단하고 마늘 속이 꽉 찬 밭마늘이 좋다. 마늘장아찌는 대체로 하지(양력 6월 21일) 전에 담그면 적당하다. 그 이후에는 마늘이 다 자라 뻣뻣해지므로 마늘을 까서 쪽마늘로 담그는 것이 좋다.

마늘장아찌는 절여지는 동안 마늘에서 물기가 나와 소금물의 농도가 연해진다. 따라서 서너 번 국물을 따라내서 끓인 후 식혀 부어야 변질되지 않는다.

그날그날 취향에 맞춰먹는

오이지

탱글탱글 짭조름하게 익은 오이지 한통 있으면
무쳐 먹을 수도, 물김치로 먹을 수도 있어 활용도 만점이에요.
숙성되면 숙성 될수록 깊은 맛을 내는 오이지 한 통 담가보세요.

재료 오이(2kg=작은 것 20개 혹은 큰 것 10개)
절이는 물 소금(1컵), 물(12컵), 마늘(1통),
건고추(3개)

1 오이는 깨끗이 씻어 항아리에 차곡차곡 담고,
2 냄비에 소금물(물 12컵 + 소금 1컵)을 넣고 마늘, 건고추를 넣어 끓이고,
3 끓인 물을 체에 받쳐 오이가 담긴 항아리에 붓고 돌로 누르고,
4 뚜껑을 덮어 밀봉한 후 실온에서 2~3일 숙성한 후 냉장고에 보관하고,
5 오이지 국물을 따라내어 끓여 식힌 후 다시 오이에 붓고,
6 냉장고에 넣어 보관하여 마무리.

양념공식 요리비결

오이지는 소금(1), 물(12)의 비율로 절이나, 아주 더운 여름에는 소금
(1), 물(10)의 비율로 계량한다. 오이지를 담을 때 마늘 등 양념을 넣지
않고 소금과 물만 넣어 끓여 오이에 붓는 것이 일반적이나, 건고추, 고
추씨, 청양고추를 넣으면 적당히 매콤한 맛이 있어 좋다.
소금물은 끓여서 뜨거울 때 오이에 붓되, 오이지는 반드시 식혀서 냉장

고에 보관하도록 한다. 소금물은 오이가 잠길 정도로 준비하며, 보통 재
료 무게의 1.5~2배 소금물이 필요하다. 공기 중에 오이가 노출되면 산
소와 접촉하여 물러질 수 있으므로 물 위에 뜨지 않도록 무거운 것으로
눌러주어야 한다. 오이지는 발효되면서 새콤한 맛이 생겨 특유의 새콤
한 맛이 있다.

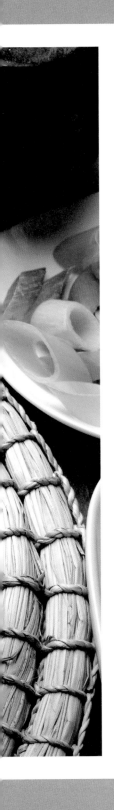

6장

가족의 영양을
책임지는
건강 요리

건강한 삶을 위해서 건강한 요리를 먹어야 하는 것은 당연한 일이지만 식재료
를 구하기 어렵거나 손이 많이 가는 음식들이 많아서 선뜻 시도할 용기가 나지
않는다. 게다가 많은 돈과 시간을 들여 어렵게 건강요리를 만들어봤자, 맛이
없다는 이유로 가족들에게 외면당하기 일쑤다. 하지만 재료와 조리법만 살짝
바꿔도 맛과 건강이 저절로 찾아온다. 건강요리에 대한 선입견을 바로잡고, 쉽
게 만들어 맛있게 먹을 수 있는 건강요리를 소개한다.

1

온 가족이 즐기는
명절 요리

명절 상차림에서 빼놓을 수 없는 음식이 전유어와 나물이다.
명절이 지난 뒤에 북어 머리 우린 육수를 이용해 모듬전으로 전골을 만들면
시원한 국물을 즐길 수 있다.
또 나물을 이용하여 나물국이나 나물비빔밥, 볶음밥 등을 만들어 먹으면
영양 면에서도 뛰어날 뿐 아니라 명절 분위기를 다시금 느낄 수 있다.

겉은 바삭 속은 촉촉
녹두부침

고소한 기름 냄새, 아삭아삭 짭조름한 숙주와 김치,
꼬들거리는 고기의 식감이 살아있는 녹두부침.
우중충하고 비 오는 날 지글지글 부쳐 먹으면 힐링되는 하루 시작입니다.

재료 불린 탄 녹두(2컵), 불린 쌀(2큰술),
배추김치(100g), 숙주(100g, 소금
1/3작은술), 다진 돼지고기(100g), 붉은
고추(1/2개), 풋고추(1/2개)

밑간 소금(1/4작은술), 파(1작은술),
마늘(1/2작은술), 생강(1/4작은술),
참기름(1/2작은술), 깨소금(1작은술)

양념 깨소금(1작은술), 소금(1/2작은술),
파(2큰술), 마늘(1큰술),
생강(1/2작은술), 참기름(2작은술),
후춧가루(약간)

1 탄 녹두는 3배의 물을 붓고 5~6시간 불리고 쌀에 물(1컵)을 붓고 불리고,

2 불린 녹두를 주물러 씻어 껍질을 벗기고,

3 믹서에 녹두와 불린 쌀을 담고 물(1컵)을 부어 곱게 갈고,

4 배추김치는 속을 털어내고 물기를 꽉 짜 송송 썰어 다지고,

5 숙주는 끓는 물에 삶아 씻어 물기를 짜서 송송 썰고,

6 고추는 둥글게 썰고 돼지고기는 밑간하고,

7 숙주는 소금간(1/3작은술)하여 물기를 짜고 배추김치와 양념 재료를 모두
넣고 돼지고기와 섞고,

8 갈아 놓은 녹두쌀국물과 양념한 재료들을 고루 섞고,

9 팬에 식용유를 둘러서 한쪽 면을 지지고 익지 않은 쪽에 둥글게 썬
청홍고추를 올려 나머지 부분도 익혀서 마무리.

양념공식 요리비결 불린 녹두와 물은 2 : 1로 계량하여 믹서에 갈아
준비한다. 물이 너무 많거나 적으면 녹두부침 반죽이 어렵게 되므로 유
의한다. 일반적으로 쌀가루는 녹두의 1/10 정도의 비율로도 충분하다.
쌀가루가 들어가면 바삭한 녹두부침을 만들 수 있다.

고소, 담백, 달달 세 박자

완자전

명절이면 늘 상에 올라가는 고급음식 완자전. 냉장고에 있는 살코기를 곱게 다져 쉽고 예쁘게 만들어봐요.
한입에 쏙 넣어 씹기 좋게 빚어서 구우면 남녀노소 누구나 좋아하는 수제 완자전 완성입니다.

재료 소고기(200g), 두부(100g),
풋고추(20g), 쪽파(10g), 양파(50g),
달걀(2개), 밀가루(3큰술)

양념 소금(1/2작은술), 파(2큰술),
마늘(1큰술), 생강즙(1/4작은술),
깨소금(1작은술), 참기름(1작은술),
후춧가루(약간)

1 소고기는 살코기로 준비해 곱게 다지고 두부는 물기를 꽉 짜서 으깨고,

2 풋고추는 반으로 갈라 씨를 빼고 곱게 다지고,

3 쪽파와 양파도 깨끗하게 씻어 곱게 다지고,

4 다진 고기와 으깬 두부를 잘 치대어 풋고추, 쪽파, 양파, 양념 재료를 모두 넣어 잘 섞고,

5 지름 3cm로 둥글납작하게 빚고,

6 빚은 완자에 밀가루를 얇게 뿌리고 달걀옷을 입혀 식용유를 두른 팬에 구워 마무리.

양념공식 요리비결 전유어를 부칠 때 밀가루를 너무 꼭꼭 눌러 묻히지 말고 재료의 수분을 거두는 정도로 가볍게 묻혀서 털고, 풀어 놓은 달걀물에 소금 간하여 너무 타지 않도록 중간 불에서 지져낸다. 소고기나 돼지고기 대신 흰살 생선, 새우살 혹은 오징어 살을 곱게 다져 이용해도 좋다. 손에 붙어서 빚기 어려우면 손에 기름을 조금 바르고 빚는다. 고기와 함께 두부를 넉넉히 넣으면 두부가 고기의 지방을 흡수하여 맛이 매우 부드럽다.

참치깻잎전

향 좋은 깻잎 안에 담백한 참치

향 좋은 깻잎 안에 부드럽고 고소한 맛의 참치소가 가득한 깻잎전.
넉넉히 만들어 놓으면 먹고 싶을 때 데워먹을 수 있어 좋아요.
고소한 기름 냄새 가득하도록 예쁘게 빚어 구워 풍요로운 명절 기분 내자고요.

재료 깻잎(10장), 참치(100g), 두부(100g),
청양고추(1/2개), 붉은 고추(1/2개),
양파(30g), 달걀(1개, 소금 1/4작은술),
밀가루(3큰술)

양념 소금(1/2작은술), 마늘(1/2작은술),
대파(1큰술), 참기름(1/2작은술),
깨소금(1작은술), 후춧가루(약간)

1 깻잎은 꼭지를 제거하고 씻어 물기를 빼 놓고,
2 참치는 체에 밭쳐 기름기를 꽉 짜놓고,
3 두부는 물기를 제거하여 으깨놓고 고추와 양파는 손질하여 곱게 다지고,
4 참치, 두부, 고추, 양파와 양념 재료를 모두 섞어 속을 만들고,
5 깻잎에 앞뒤로 밀가루를 입혀 털어내고,
6 깻잎 바깥 면 쪽에 속을 넣어 반을 접고,
7 달걀을 풀어 소금(1/4작은술)으로 간하고 깻잎을 적셔 건지고,
8 팬에 식용유를 두르고 깻잎을 구워 마무리.

양념공식 요리비결 참치 대신 돈육, 우육 등을 다져서 두부와 섞어 주어도 좋다. 깻잎의 앞뒤로 밀가루를 묻혀 바깥의 거친 면이 안쪽이 되도록 접어야 매끄럽다. 깻잎의 접혀진 안쪽에 참치 속 양념을 넣고 테두리에 수분을 발라 속이 떨어지지 않도록 꼭꼭 누른 후 달걀을 적셔 전을 부친다.

맛있는 해물이 가득

해물잡채

맛있는 바다 식재료를 총 집합시켜 더 화려하게 잡채를 만들어봐요.
노랑, 초록, 빨강 각 야채의 색 조화가 예뻐서 눈으로 한 번 만족. 쫄깃하고 고소한 식감에 두 번 만족해요.
식사 대신에 먹어도 만족스러운 요리랍니다.

재료	오징어(100g), 깐소라살(50g), 홍합살(50g), 깐새우살(50g), 당면(80g), 피망(200g), 당근(10g), 양파(60g), 붉은 고추(1/2개), 마른 표고버섯(3장)
당면유장	설탕(1큰술), 간장(2큰술), 참기름(1큰술)
양념	파(1작은술), 마늘(1/2작은술), 소금(1/4작은술), 설탕(1/4작은술), 참기름(1/2작은술), 깨소금(1작은술), 후춧가루(약간)

1 오징어는 껍질을 벗겨 몸통 안쪽에 칼집을 1cm 간격으로 길게 넣고 끓는 물에 재빨리 데쳐 0.5cm 두께로 동그랗게 썰고,

2 깐소라살은 깨끗이 손질하여 0.2cm 두께로 편 썰고,

3 홍합살, 새우살은 소금물(물 1컵+소금 1/2작은술)에 씻어 끓는 물에 데쳐내고,

4 당면은 끓는 물에 삶아 찬물에 헹구어 당면유장에 무치고,

5 피망, 당근, 양파, 붉은 고추는 깨끗이 손질해 5cm×0.2cm로 곱게 채 썰고,

6 표고버섯은 더운물에 불려 기둥을 떼고 곱게 채 썰고,

7 손질한 재료를 각각 볶아서 식힌 뒤 물기를 꽉 짜서 양념 재료와 함께 섞어 마무리.

양념공식 요리비결 해물잡채는 양파, 고추가 넉넉히 들어감으로써 해산물의 비린 맛 제거에 도움을 주며 색과 맛의 조화가 뛰어나다. 양파, 부추가 들어가는 잡채를 양념할 때 마늘 양을 다른 요리보다 줄여 사용한다. 피망 대신에 풋고추나 부추가 들어가면 더 얼큰한 맛을 즐길 수 있다.

탱글탱글 달콤한 쌀알

약식

달콤하고 고소한 맛이 일품인 약식을 집에서 만들어봐요.
탱글탱글 달콤한 쌀알이 그대로 살아있어 쫄깃하게 씹히는 맛이 일품이에요.
건강에도 좋아서, 예쁘게 잘라 감사한 사람들에게 선물하기도 딱이에요.

재료   찹쌀(5컵), 밤(100g), 대추(50g),
        잣(3큰술), 소금(1/2작은술)

캐러멜소스 설탕(1컵), 뜨거운 물(1/2컵)

양념   설탕(3큰술), 참기름(3큰술),
        간장(3큰술), 꿀(3큰술)

1   찹쌀을 깨끗이 씻어 1~2시간 불린 후 김이 오른 찜통에 30분 쪄내고,

2   소금물(물 4큰술 + 소금 1/2작은술)을 끼얹어 약한 불에서 10분 뜸들이듯
    쪄내고,

3   밑이 두꺼운 냄비에 설탕을 넣고 중간 불에서 태우고 뜨거운 물을
    가장자리에 부어 캐러멜소스를 만들고,

4   밤은 껍데기를 벗겨 4등분하고,

5   대추는 돌려 깎아 씨를 뺀 다음 2~3등분하고 잣은 고깔을 떼고,

6   큰 그릇에 찹쌀을 부어 뜨거울 때 설탕을 넣어 버무리고,

7   참기름, 간장, 캐러멜소스(1/4컵), 꿀을 넣어 고루 섞고 밤, 대추, 잣을 마저
    넣고,

8   재료와 버무린 찹쌀을 30여 분간 쪄내 마무리.

양념공식 요리비결 수정과, 약식 등 전통 음식을 만들 때 주재료에 못지않게 캐러멜소스 맛에 따라 맛의 차이가 상당히 난다. 캐러멜소스를 미리 만들어 두고 필요할 때마다 쓰면 요리의 맛은 물론이고 가족의 건강에도 좋다. 캐러멜소스를 잘 만들기 위해서는 밑이 두꺼운 냄비에 설탕(1컵)을 넣고 중간 불에서 태우면 연기가 나고 점차 구멍이 뚫리면서 타오르기 시작한다. 이때 불을 약한 불로 낮추고 팬을 이리저리 돌려 가며 설탕이 고루 타도록 한다. 다 탈 때까지 휘젓는 것은 금물이다. 설탕이 다 녹아 진갈색이 되도록 태운 후 뜨거운 물(1/2컵)을 가장자리부터 가만히 돌려가며 부어 물과 시럽이 다 풀려 섞일 때까지 불에서 내린다. 어느 정도 식으면 뚜껑이 있는 병에 담고 식은 뒤에 뚜껑을 덮어 필요할 때 사용한다.

밥알 동동 달콤함이 가득

식혜

할머니 집에 가면 냉장고 깊은 곳에서 꺼내주셨던 달달한 추억의 맛 식혜를 직접 만들어봐요.
밥알이 들어간 전통 버전의 식혜로 맛있게 담아 온 가족과 함께 나눠먹으면 좋아요.

재료	멥쌀(또는 찹쌀)(2컵), 생강(1톨), 마른 고추(2개), 잣(1큰술)
엿기름물	엿기름(2컵), 따뜻한 물(20컵)
양념	설탕(2컵)

1 엿기름은 따뜻한 물에 담가 손으로 주물러 씻어 2~3회 체에 거른 후
   4~5시간 두어 앙금을 가라앉히고,

2 멥쌀은 깨끗이 씻어 고슬고슬하게 밥을 짓고,

3 밥에 엿기름웃물을 넣고,

4 밥알 3~5개가 뜨면 밥알을 체에 밭쳐 찬물에 헹구고,

5 국물은 가라앉힌 엿기름물의 남은 국물과 섞어 설탕가 생강, 마른 고추를
   넣고 끓이고,

6 끓이면서 생긴 거품은 걷어내며 차게 식혀 그릇에 담고 삭힌 밥알과 잣을
   띄워 마무리.

양념공식 요리비결 식혜를 끓일 때 끓어 넘치면 전체 국물이 지저분 해지기 때문에 꼭 체에 밭쳐서 사용하도록 한다. 식혜를 만들 때 쌀(1), 엿기름(1), 설탕(1), 물(10)의 비율로 계량한다. 유자청, 생강, 마른 고추 등을 넣으면 엿기름의 불쾌한 냄새를 제거하여 한결 맛이 좋다. 설탕을 넣은 엿기름물로 밥을 삭히면 엿기름의 당화 효소에 의해 밥알이 빨리 삭는다. 엿기름이 많으면 설탕 분량을 줄여도 되며, 앙금은 버리고 웃물 만 쓴다. 끓일 때 앙금을 쓰면 거품이 많아지고 지저분해진다.

달콤 쌉싸래한 매력

수정과

진한 계피와 생강 향으로 달콤 쌉싸래함이 느껴지는 수정과.
느끼하고 텁텁해진 속을 달래는데 좋고 만들기도 간단해서, 레시피 대로 따라하면 금방 완성할 수 있어요.

재료 생강(50g), 계피막대(30g), 곶감(4개),
호두(2개), 잣(1큰술)

양념 설탕(1컵)

1 생강의 껍질을 벗겨 편 썰기하고 물(4컵)을 넣어 센 불에서 5분, 중간
불에서 20~30분 끓여 고운체에 거르고,

2 계피막대는 물(4컵)을 붓고 끓여 체에 거르고,

3 생강과 계피막대를 각각 끓인 물을 섞어 설탕을 넣고 설탕이 녹을 정도로
끓으면 불을 끄고 차게 식히고,

4 곶감은 한 쪽을 갈라 씨를 빼고 펼쳐서 깐 호두를 넣어 돌돌 말아 1cm
두께로 썰고,

5 그릇에 음료를 담고 곶감 쌈과 잣을 올려 마무리.

양념공식 요리비결 생강과 통계피는 각각 끓여 체에 거른 다음에 섞어야 맛이 상쇄되지 않고 자체의 향과 맛을 살릴 수 있다.
곶감은 주머니 곶감으로 고르되 너무 마르지 않은 것을 고른다. 곶감 표면의 하얀 가루는 당분이 건조되면서 나오는 것이므로 가루가 많은 것을 선택하면 좋다.

2

건강을 위한
전통 요리

쌀이 부족해 먹었던 보리밥이나 잡곡밥이 이제는 건강식이 되었다. 식재료를 오래 끓이고
물을 넣어 무르게 만들어 여럿이 먹어야 했던 죽은 소화에 좋은 영양만점 음식으로 인기다.
건강을 지키기 위해 만들어 먹었던 전통요리를 알아보자.

다이어트와 붓기에 좋은
호박죽

천둥호박에 함유되어 있는 펙틴은 몸에 필요 없는 수분을 몸 밖으로 내보내는 효과가 있어 붓기에 탁월해요.
식이섬유가 풍부하고 지방이 적어 다이어트에도 좋으니 날씬한 몸매를 원하신다면 식사대신 즐겨도 좋겠죠?

재료 천둥호박(800g), 양대콩(20개)
양념 소금(2작은술), 설탕(2큰술)
찹쌀가루 즙 찹쌀가루(1/2컵), 물(1.5컵)

1 호박은 껍질을 벗겨 씨를 뺀 후, 냄비에 물(2컵)을 넣고 찌듯이 삶아 체에 내리고,

2 찹쌀가루는 물(1.5컵)에 풀어 체에 곱게 내리고,

3 양대콩은 물(1컵)을 넣고 삶아 소금(1/4작은술)으로 간을 하고,

4 냄비에 호박물과 물(1컵)을 넣고 끓이다가 찹쌀가루즙으로 농도를 조절하고,

5 설탕, 소금으로 간을 하고 그릇에 담아 양대콩을 올려 마무리.

양념공식 요리비결 천둥호박은 청둥호박, 늙은 호박, 맷돌호박이라고도 한다. 호박범벅, 호박죽, 호박꿀단지라는 향토음식을 천둥호박으로 만든다. 호박 표면의 흰 가루가 많을수록 맛과 영양이 뛰어나다. 특히 호박은 식이섬유가 다량 함유되어 있어 변비 예방과 다이어트에 효과적이며 산모의 붓기를 빼는데 특효가 있다고 알려져 있다. 또한 위장이 약한 사람에게도 매우 좋은 식품이다.

호박속의 칼륨이 나트륨을 배출시켜 고혈압 개선에 도움을 주며 항산화 물질인 베타카로틴이 많이 들어있다. 호박은 껍질을 벗기기가 어렵다. 이럴 때는 끓는 물에 표면을 데치면 껍질이 부드러워져 반으로 쉽게 잘라 손질할 수 있다.

풍부하고 부드러운

잣죽

한입 먹으면 고소함이 발끝까지 전해지는 잣죽이에요.
풍부하고 부드러운 맛이 특징이고, 영양가가 높을 뿐 아니라 소화가 잘 돼서 좋아요.
기운 없을 때, 자극적이지 않은 음식이 필요할 때 푹 끓여서 맛있게 드세요.

재료   잣(1/2컵), 불린 쌀(1컵), 물(5컵)
양념   소금(1작은술)

1   잣은 고깔을 떼고 키친타월로 깨끗이 닦고,

2   믹서에 잣과 물(1컵)을 넣고 곱게 갈아 체에 밭치고,

3   불린 쌀은 체에 밭쳐 믹서에 물(1컵)과 함께 넣고 찌꺼기가 남지 않게 곱게 갈아 체에 밭치고,

4   밑이 두꺼운 냄비에 물(3컵)을 넣고 끓이다가, 끓으면 갈은 잣물을 넣고 끓이고,

5   잣물이 끓으면 갈아놓은 쌀물을 넣고 나무주걱으로 저으면서 끓이고,

6   죽이 투명하고 부드럽게 끓으면 소금으로 간하고 마무리.

양념공식 요리비결 견과류는 보통 쌀 분량의 1/2 정도로 넣으며 물은 불린 쌀의 5배 분량을 계량하면 적당하다. 간혹 죽이 물처럼 묽게 되는 경우가 있는데 이것은 쌀과 잣을 함께 갈거나, 죽을 쑬 때 너무 많이 저어 주거나, 소금 간을 미리 했을 경우다. 멥쌀은 30여 분 불리며 죽을 쑬 때는 전체의 물 분량을 계량하여 옆에 놓고 조금씩 부어 가면서 쑤는 것이 좋다. 견과류 죽은 보통 쌀 분량의 1/2 정도의 견과류를 넣고, 물은 불린 쌀의 5배 분량을 계량하면 적당하다.

뜨끈하고 구수한 해독죽
녹두죽

구수한 맛이 좋은 녹두는 죽으로 푹 익혀 먹으면 일품이에요.
소화 안 되는 날, 몸이 허한 날 먹으면 뜨끈하고 구수한 맛에 몸이 노곤노곤 녹아요.
영양가 만점 예쁜 색깔의 녹두로 체력 보충하세요.

재료 통녹두(1컵), 불린 쌀(1컵), 물(12컵)
양념 소금(1작은술)

1 녹두는 깨끗이 씻어 불린 후 비벼 껍질을 벗기고,

2 쌀은 30분 정도 물에 불리고,

3 냄비에 녹두와 물(8컵)을 부어 푹 삶아 녹두가 물러지면 으깨면서
   물(4컵)을 섞고,

4 체에 걸러 껍질을 버리고 녹두 물과 앙금을 5컵 받아놓고,

5 냄비에 쌀과 녹두 웃물을 넣고 센 불에서 끓이다가 끓어오르면 중간 불로
   낮춰 쌀알이 퍼질 때까지 끓이고,

6 쌀알이 퍼지면 앙금을 마저 넣어 끓이고,

7 소금으로 간을 한 후 그릇에 담아 마무리.

양념공식 요리비결 녹두는 찬 성질의 식품이다. 따라서 온도가 높은 여름철 삼계탕에 녹두를 넣어 먹는다. 녹두는 빈대떡, 숙주나물, 녹두죽 등 다양하게 이용한다. 통녹두는 껍질을 벗기는데 시간이 많이 걸리 기 때문에 탄녹두를 많이 사용한다. 녹두의 껍질을 이용하여 두피제거 제, 피부미용 제품으로 가공하여 이용하기도 한다.

집에서 맛보는 불로장생 음식

전복죽

영양만점 고단백 스테미너 음식인 전복.
쫑쫑 썰어 몸이 축 처지고 힘 빠질 때 한입 먹으면 기력이 솟아나요.
간단하면서도 깊은 맛이 나는 사계절 보양식을 만들어 보세요.

재료 전복(100g), 불린 쌀(1컵), 물(6컵)
양념 소금, 참기름(2큰술), 간장

1 전복을 깨끗이 씻어 껍질과 내장을 제거한 후 솔로 해감을 말끔히 닦고,

2 손질한 전복을 얇게 저며 가늘게 채 썰고,

3 쌀을 씻어 30분간 물에 불리고,

4 믹서에 불린 쌀과 물(2컵)을 넣고 굵게 갈고,

5 냄비에 참기름을 두르고 전복을 넣어 볶다가 불린 쌀을 넣어 쌀이
   투명해질 때까지 저으면서 볶고,

6 물(4컵)을 부어 센 불에서 끓이고,

7 한번 끓어오르면 불을 낮추고 쌀알이 퍼지도록 끓이고,

8 간장과 소금으로 맛을 내어 그릇에 담아 마무리.

양념공식 요리비결 전복죽을 끓일 때 소라와 함께 사용하면 단백질
의 효과를 극대화할 수 있다. 버섯, 양파 등의 다양한 종류의 제철 채소
를 다져 넣으면 영양적으로 우수하다. 특히 비린 맛이 나는 해산물이 주

재료이므로 마늘종, 양파 등의 향신 채소가 들어감으로써 색과 맛에서
더욱 효과적으로 이용할 수 있다.

꼬들꼬들 쫄깃한 매력

마른 청포묵볶음

사찰에서는 묵이 남으면 잘 말렸다가 볶아먹기도 해요.
말린 묵을 이용해 맛있는 별미를 만들어요. 말린 묵을 불려 볶으면 떡볶이 떡 같기도 하고,
닭똥집 같기도 하고. 독특한 식감과 고소한 양념이 잘 어울려요.

재료   소고기(50g), 마른 청포묵(80g),
팽이버섯(50g), 피망(50g), 붉은
고추(1/4개)

밑간   소금(1/4작은술), 마늘즙(1/6작은술),
참기름(1/6작은술), 후춧가루(약간)

양념   파(1작은술), 마늘(1/2작은술),
참기름(1작은술), 깨소금(2작은술)

1   청포묵은 손가락 모양으로 7cm 크기로 썰어 채반에 넣어 바람이 잘
통하는 서늘한 곳에서 말리고,

2   말린 묵에 뜨거운 물을 붓고 속까지 충분히 불면 건지고,

3   팽이버섯은 밑동을 다듬고 알알이 떼어 놓고,

4   피망, 붉은 고추는 반으로 갈라 씨를 빼고 4cm×0.3cm로 채 썰어
양념하고,

5   소고기는 결대로 채 썰어 밑간하고,

6   청포묵, 팽이버섯, 피망, 붉은 고추, 고기를 각각 센 불에서 볶아 식히고,

7   볶은 재료를 섞고 양념 재료를 모두 넣고 버무려 마무리.

양념공식 요리비결 묵을 손가락 크기로 썰어 채반에 넣고 바람이 잘
통하는 곳에서 속까지 말리면 건강식으로도 좋다. 말린 묵은 요리한 즉
시 먹어야 씹는 맛이 쫄깃하여 보통의 묵과는 다른 독특한 맛이 난다.

마른 도토리묵볶음을 할 때 마지막에 기름에 볶아 간편하게 맛간장이
나 소금으로 간하여 먹어도 좋다.

꽉 찬 속에 반하는
오징어순대

한 때는 속초에 가야 먹을 수 있었던 오징어순대.
이제는 집에서 쉽게 만들고 먹을 수 있어요.
속이 꽉 차 있는 모습이 정말 예뻐서 아이들 간식과 술안주로도 손색이 없어요.

재료　오징어(3마리), 소고기(100g),
　　　두부(50g), 마른 표고버섯(3개),
　　　당근(10g), 피망(1/2개), 풋고추(1개),
　　　붉은 고추(1/2개), 달걀(1개),
　　　밀가루(6큰술)

순대소 양념　다진 마늘(2작은술), 다진 파(1큰술),
　　　참기름(1작은술), 깨소금(2작은술),
　　　소금(2작은술), 후춧가루(약간)

1　오징어는 손바닥 크기의 작은 것으로 골라 몸통과 다리를 분리해 껍질을
　벗기고,

2　끓는 물에 살짝 데쳐내어 몸통은 물기를 빼고 다리는 곱게 다지고,

3　소고기는 잘게 다지고 두부도 물기를 꽉 짜서 으깨고,

4　마른 표고버섯은 따뜻한 물에 불려 기둥을 떼고 갓을 곱게 다지고, 당근,
　피망, 풋고추, 붉은 고추도 손질해 다지고,

5　다져놓은 오징어 다리와 소고기, 손질한 야채, 달걀흰자를 섞고 순대소
　양념으로 버무리고,

6　오징어 몸통 속에 밀가루를 솔솔 뿌리고 순대소를 채운 다음 꼬치로
　입구를 막아주고,

7　꼬치로 오징어에 바늘 침을 주고 김이 오른 찜통에 10분 쪄낸 후 식히고,

8　매끈하게 썰어 접시에 담고 마무리.

양념공식 요리비결 오징어 속을 넣고 오징어의 입구를 꼬치로 막은 후 전체적으로 바늘침을 주지 않으면 오징어소 재료가 익으면서 나오는 수분이 그대로 안에 고여 속이 풀어진다. 마른 오징어를 물에 불려 사용해도 좋다. 마른 오징어의 껍질을 벗겨 물에 불려 몸통 안쪽에 밀가루를 솔솔 뿌리고 으깬 두부, 다진 소고기를 양념하여 오징어 몸통에 얇게 펴고 가운데에 불린 오징어 다리를 길게 놓은 후 김밥 말듯이 말아 실로 묶어 랩에 싸서 찜통에 찌면 된다.

고소하고 시원한

냉콩국수

구수한 콩국물에 쫄깃한 면을 말아먹으면 시원함과 고소함에 흠뻑 빠지게 되죠.
시판용 국물도 좋지만, 흰콩 갈아 홈메이드 콩국수를 만들어 가족들과 시원한 주말식사를 해봐요.
정성이 들어간 만큼, 감동도 두 배랍니다.

재료 불린 흰콩(4컵), 오이(50g),
        방울토마토(4개), 국수(300g)

양념 참깨(3큰술), 소금(4작은술)

1 흰콩은 깨끗이 씻어 일어 물에 5~6시간 불리고,

2 냄비에 불린 콩과 콩이 잠길 만큼의 물을 붓고 뚜껑을 연 채 삶고,

3 끓으면 잠깐 두었다가 콩을 건져내어 찬물에 비벼 씻어 껍질을 벗기고,

4 믹서에 콩과 참깨, 물(4컵)을 넣어 곱게 갈고,

5 간 콩을 물(4컵)을 넣으면서 걸체에 밭친 후 소금으로 간하여 차게 식히고,

6 오이는 동그랗게 썰어 3cm×0.1cm×0.1cm로 곱게 채 썰고 방울토마토는
       꼭지를 떼어내고 반으로 갈라놓고,

7 국수를 삶아 콩물을 부은 후 손질한 오이와 방울토마토를 올려 마무리.

양념공식 요리비결 수수가루에 끓는 물을 넣고 반죽하여 지름 1cm 크기로 경단을 빚어 끓는 물에 삶아낸 다음, 찬물에 식혀 건져서 국수에 넣어도 별미다. 콩국을 걸러낸 찌꺼기는 버리지 말고 콩비지로 사용해도 좋다. 평소 불린 콩(흰콩)을 삶아 1회 사용할 만큼 지퍼백에 넣어 냉 동하고 필요할 때마다 꺼내 콩국, 콩비지로 이용할 수 있다. 콩국에 깨즙이 들어가면 맛이 고소하다.

시원하게 먹는 여름만두

편수

차갑게 먹는 만두, 편수라고 들어보셨나요?
깔끔한 여름 만두로 만들어 초간장에 찍어 먹어도 좋고,
만둣국처럼 냉면 육수에 담아 시원하게 즐겨도 좋아요.

재료 밀가루(1.5컵), 오이(200g),
애호박(50g), 마른 표고버섯(3장),
소고기(50g), 잣(1큰술)

밑간 간장(1/2작은술), 설탕(1/4작은술),
파(1/2작은술), 마늘(1/4작은술),
참기름(1/4작은술), 후춧가루(약간)

만두소 양념 소금(1/4작은술), 마늘(1/2작은술),
참기름(1/8작은술), 깨소금(1/4작은술)

초간장 간장(2큰술), 식초(1큰술),
설탕(1/2작은술)

1 밀가루는 소금물(물 5큰술 + 소금 1/2작은술)로 반죽해 0.1cm 두께로 얇게
   밀어 6×6cm로 정사각형 만두피를 만들고,

2 오이, 애호박은 돌려깎기하여 2cm×0.1cm로 채 썰고 소금에 살짝 절여
   물기를 꽉 짜고,

3 마른 표고버섯은 따뜻한 물에 담가 기둥을 떼고 2cm×0.1cm로 채 썰고,

4 소고기는 채 썰어 밑간하고,

5 오이, 애호박, 표고버섯, 소고기를 볶아 식히고 만두소 양념을 넣어
   만두소를 만들고,

6 만두피에 만두소와 잣을 넣고 모퉁이를 한데 모아 마주 붙여서 네모나게
   빚고,

7 김이 오른 찜통에 젖은 행주를 깔고 만두를 넣어 센 불에서 3~5분간 찌고,

8 만두를 그릇에 담고 초간장을 곁들여 마무리.

양념공식 요리비결 편수는 여름철에 차게 해서 먹는 사각형의 만두다. 만두소의 재료는 애호박, 오이와 닭고기나 소고기를 넣은 것으로, 만두를 쪄서 초간장에 찍어 먹거나 차가운 장국에 말아 먹기도 한다. 야채의 아삭아삭 씹히는 맛과 향이 좋다. 밀가루 반죽을 하여 바로 만두피를 만드는 것보다 지퍼백에 넣어 잠시 두었다가 반죽하면 반죽이 말랑해져 훨씬 더 쫄깃하다.

예쁘게 낙지를 감아 만든

낙지구이

'낙지호롱'이라고도 불리는 낙지구이를 만들어봐요.
특별한 날 메인음식으로 상에 올려놓으면 손님들 관심 한눈에 받는 요리가 될 거예요.

재료　　낙지(4마리)
유장　　간장(1/2작은술), 참기름(2작은술)
양념장　마늘(1큰술), 파(2큰술), 생강(약간),
　　　　고춧가루(1작은술), 설탕(1작은술),
　　　　고추장(2큰술), 간장(1작은술),
　　　　물엿(1작은술), 청주(1큰술),
　　　　깨소금(1큰술), 후춧가루(약간)

1　낙지는 머리를 뒤집어 몸통과 분리되지 않게 내장과 먹물을 제거해
　　소금으로 거품이 없어질 때까지 주물러 씻고,
2　손질한 낙지에 간장, 참기름으로 유장을 바르고,
3　나무젓가락 끝에 낙지의 머리를 씌우고 다리를 사선으로 감아 말아 끝이
　　풀리지 않도록 나무젓가락 사이에 끼우고,
4　팬에 낙지를 넣고 지지듯이 굽고,
5　양념장을 만들어 낙지에 발라가며 굽고,
6　접시에 담아내 마무리.
TIP 유장을 바르고 지진 후 양념장 대신 맛간장을 발라 구워도 좋아요.

양념공식 요리비결 낙지구이는 양념한 낙지를 볏짚에 말아 구워 먹는 전라도 지방의 향토 음식이다. 요즘은 우엉, 당근, 셀러리 등의 야채를 가운데 넣거나 꼬치에 돌돌 말아 숯불에 구워 한입 크기로 썰어 먹곤 하는데 그 맛이 새롭다.

매콤 칼칼한 부침개

장떡

매콤한 장을 넣어 입맛 돋우게 하는 부침개 장떡.
비 오는 날에 칼칼하게 간식으로 부쳐 먹기도 좋고,
제철 야채를 다져 넣고 반찬처럼 먹기도 좋아요.

재료	찹쌀가루(1컵), 풋고추(1개), 무순(20g)
양념 1	고추장(1작은술), 고운 고춧가루(1/2작은술)
양념 2	파(1작은술), 마늘(1/2작은술), 참기름(1작은술), 깨소금(1작은술)

1. 찹쌀가루에 끓인 물(1큰술)과 고추장, 고춧가루를 넣고 고루 섞이도록 치대고,
2. 풋고추는 씨를 빼고 다지고,
3. 손질한 재료와 나머지 양념 재료를 섞어 지름 4cm로 동글납작하게 빚고,
4. 팬에 식용유를 두르고 빚은 반죽을 넣어 한쪽 면을 지진 후 뒤집어 그 위에 무순을 올려 지져내고,
5. 접시에 담아 마무리.

양념공식 요리비결 향토음식인 장떡은 고추장 또는 된장으로 간을 맞추는데 제철 채소와 어우러지면서 독특한 맛을 낸다. 찜통에 쪄서 기름에 지지기도 한다. 찹쌀가루 대신 밀가루로 해도 좋다. 된장을 넣고 부추, 미나리, 깻잎, 풋고추 등을 썰어 넣으면 한결 먹음직스럽다.

육해의 맛있는 만남

사슬적

육해가 꼬치에서 만났다!
사슬적은 손이 가는 음식이지만 소고기와 대구 살이 흑백 교차되어있는 모습이
보기에도 예쁘고 맛도 좋아 손님 대접하기에도 좋아요.

재료 소고기(150g), 대구살(100g),
두부(50g), 잣(1큰술), 밀가루(1큰술)

소고기 양념 소금(1/2작은술), 파(1작은술),
마늘(1/2작은술), 참기름(1/2작은술),
깨소금(1작은술), 후춧가루(약간)

대구살 양념 소금(1/2작은술), 청주(1작은술).
후춧가루(약간), 파(1작은술),
마늘(1/2작은술), 참기름(1/2작은술),
깨소금(1/2작은술),

1 소고기는 곱게 다져서 핏물을 빼고 두부도 물기를 빼서 으깨고,

2 소고기와 두부를 섞어 소고기 양념을 하고, 7cm×1cm×0.7cm 크기로
모양을 만들고,

3 대구살은 가시를 발라내고 6cm×1cm×0.7cm 크기로 썰고 대구살 양념
중 소금, 후춧가루, 청주를 넣고,

4 물기를 빼서 나머지 대구살은 양념을 하고,

5 잣은 고깔을 떼고 다져 잣가루를 만들고,

6 생선을 꼬치에 끼우고 밀가루를 묻힌 후 사이사이에 모양을 만든 고기를
눌러 붙이고,

7 팬에 식용유를 두르고 꼬치를 지져내고 잣가루를 뿌려 마무리.

양념공식 요리비결 '적'은 꼬치에 꿴 요리를 말한다. 사슬적은 고기와
생선을 꼬치에 번갈아 꿴 요리로 고기와 생선살이 분리 되지 않도록 밀
가루를 발라 굽는다. 사슬적에 사용되는 생선은 비린내가 덜 나는 흰살
생선인 대구살, 민어, 도미살, 동태살 등을 주로 사용한다.

석쇠에 구워 장에 조린

장산적

고기 반찬이야 흔하지만 이처럼 멋진 요리는 드물어요.
고기를 다져 양념을 넣고 모양을 만든 뒤 석쇠에 구워서 반듯하게 썰어 장에 조려낸 장산적.
짭조름한 맛이 중독성 있어서 자꾸 손이 갈 거예요.

재료 소고기(우둔살 200g), 두부(100g),
      잣가루(1작은술)

양념장 파(1큰술), 마늘(2작은술),
      설탕(1/3작은술), 소금(1/4작은술),
      참기름(1작은술), 깨소금(2작은술),
      후춧가루(약간)

양념 맛간장(2큰술)

      (맛간장 공식은 47쪽에 있어요.)

1 소고기는 기름기를 제거하고 곱게 다져 키친타월에 싸 핏물을 빼고,

2 두부는 물기를 짠 후 으깨 고기와 함께 고루 섞고,

3 소고기와 두부에 양념장을 섞고 밀대로 0.7cm 두께로 고르게 밀고,

4 석쇠에 구운 후 2×2cm로 썰고,

5 냄비에 맛간장, 물(2큰술), 구운 산적을 넣어 끓인 후 그릇에 담고 잣가루를 뿌려 마무리.

양념공식 요리비결 고기를 이용한 밑반찬은 장조림, 장똑또기, 장산적 등이 있는데, 예전에는 이바지 음식으로 장산적을 많이 사용했다. 장산적은 섭산적으로 만드는데, 섭산적은 우둔살을 곱게 다져 갖은 양념 하고 반대기를 지어 구워 낸 후 네모나게 썰어 담은 것이다. 장산적은 섭산적에 간장과 설탕, 물을 비율대로 넣고 향신 양념을 넣고 졸인 것이다. 맛간장을 이용하는 요리는 맛간장의 농도에 따라 물을 추가한다.

눈이 먼저 호강하는 이색반찬
홍합초

아직 우리에겐 생소한 밑반찬인 홍합초. 초라고 해서 시큼한 맛을 생각하셨다면 아니랍니다.
양념간장에 재료를 넣어 짜지 않고 윤기 나게 조린 밥반찬이에요. 달달하고 고소해서 밥이랑 먹기 딱이에요.
통통한 홍합살을 흰 밥에 올려 한입 먹어봐요.

재료 생홍합(400g), 붉은 고추(1/2개),
풋고추(1개), 양파(30g), 마늘(2쪽),
잣(1작은술)

양념 맛간장(3큰술), 참기름(1/2작은술)
(맛간장 공식은 47쪽에 있어요.)

1 생홍합은 깨끗이 씻어 손질하여 끓는 물에 데치고,

2 붉은 고추와 풋고추는 반으로 갈라 씨를 빼고 새끼 한 마디 크기의
사각형으로 썰고,

3 양파는 고추와 같은 크기로 썰고 마늘은 얇게 편 썰기하고,

4 잣은 고깔을 떼고,

5 팬에 식용유를 두르고 홍합, 고추, 양파, 마늘을 각각 볶고,

6 볶은 재료를 섞어 맛간장으로 빠르게 볶고 참기름을 넣고,

7 접시에 담아 잣을 뿌리고 마무리.

양념공식 요리비결 예전에는 말린 홍합을 많이 썼으나 요즘은 해산물이 풍부해 생홍합을 많이 이용한다. 마른 홍합은 먹기 쉽도록 잘 불리고, 생홍합은 이물질을 제거하고 살짝 데친 후 볶다가 맛간장을 넣는다. 마른 꼴뚜기, 마른 조갯살, 마른 오징어 등을 이용할 수도 있다.

찾아보기

ㄱ

가자미식해 · 187

가지볶음 · 102

갈비구이 · 148

감자채볶음 · 103

국물불고기 · 121

김치전 · 150

깍두기 · 182

깻잎장아찌 · 99

꽃게찜 · 151

ㄴ

나박김치 · 185

낙지구이 · 209

냉콩국수 · 207

너비아니 · 62

녹두부침 · 193

녹두죽 · 203

ㄷ

닭냉채 · 145

닭찜 · 120

대하산적 · 154

더덕구이 · 119

더덕생채 · 141

돈족찜 · 62

두부고추장찌개 · 123

두부채소샐러드 · 139

등갈비찜 · 149

떡볶이 · 118

ㅁ

마늘장아찌 · 188

마른 청포묵볶음 · 205

마파두부 · 158

매작과 · 163

메밀소바 · 157

멸치볶음 · 97

무말이강회 · 136

무숙장아찌 · 100

미더덕찜 · 152

미역냉채 · 140

밀쌈 · 137

ㅂ

밤초 · 168

백김치 · 181

버섯덮밥 · 161

버섯잡채 · 110

부추볶음 · 105

비빔막국수 · 159

ㅅ

사슬적 · 211

삼치조림 · 117

색편육 · 135

생선완자조림 · 116

생표고버섯나물 · 107

셀러리볶음 · 104

소고기전골 · 127

소라초무침 · 144

수삼채 · 133

수정과 · 199

수제 오란다 · 166

식혜 · 198

ㅇ

아몬드크런치 · 167

애호박나물 · 109

약식 · 197

양송이버섯볶음 · 114

어묵탕 · 126

오미자화채 · 164

오이선 · 134

오이소박이 · 184

오이숙장아찌 · 101

오이지 · 189

오징어볶음 · 115

오징어순대 · 206

오징어채볶음 · 96

옥수수죽 · 131

완자전 · 194

우렁이초회 · 143

우엉조림 · 93

월남쌈 · 156

육개장 · 125

율란 · 169

ㅈ

잣죽 · 202

장떡 · 210

장산적 · 212

장조림 · 95

전복볶음 · 155

전복죽 · 204

제육볶음 · 113

죽순찜 · 153

ㅊ

참치깻잎전 · 195

청포묵무침 · 111

총각무김치 · 183

취나물 · 108

칠리새우 · 160

ㅋ

콩나물잡채 · 106

콩비지찌개 · 124

콩조림 · 94

콩죽 · 132

ㅌ

통배추김치 · 180

ㅍ

파김치 · 186

편수 · 208

포도화채 · 165

ㅎ

해물잡채 · 196

해물잣즙채 · 146

호두볶음 · 98

호박죽 · 201

홍어회 · 142

홍합초 · 213